化学品安全仓储指南

Guidelines for Safe Warehousing of Chemicals

〔美〕Center for Chemical Process Safety　编著
董小刚　邹　瑜　等译

中国石化出版社
·北京·

内　容　提　要

本书原版由美国化学工程师协会化工过程安全中心(CCPS)编著，全面系统地阐述了化学品安全仓储的关键要素，从货物危害识别与分类出发，详细阐述了管理控制、员工安全与健康的核心要求；深入探讨了场地选址和仓库设计与建设，并重点介绍了消防系统的设计与应用，对检查、测试和维护计划及应急规划也进行了描述。

本书注重通用性和实用性，引用了大量业内共识的规范与标准，可以为仓库操作员、建筑师、设计师及其他涉及化学品安全仓储的相关人员提供实用的参考。

著作权合同登记　图字：01-2024-5245 号

Guidelines for Safe Warehousing of Chemicals
By Center for Chemical Process Safety(CCPS),ISBN:978-0-8169-0659-8

图书在版编目(CIP)数据

化学品安全仓储指南 / 美国化工过程安全中心编著；董小刚等译. -- 北京：中国石化出版社，2025. 8.
ISBN 978-7-5114-8046-0
Ⅰ. TQ086. 5-62
中国国家版本馆 CIP 数据核字第 2025RS2675 号

中国石化出版社出版发行
地址:北京市东城区安定门外大街 58 号
邮编:100011　电话:(010)57512500
发行部电话:(010)57512575
http://www. sinopec-press. com
E-mail:press@ sinopec. com
北京科信印刷有限公司印刷
全国各地新华书店经销
*
787 毫米×1092 毫米 16 开本 8. 25 印张 145 千字
2025 年 8 月第 1 版　2025 年 8 月第 1 次印刷
定价:59. 00 元

“CCPS过程安全图书精选10册”编译委员会

陈毅峰　万华化学集团股份有限公司高级副总裁
纳永良　北京思创信息系统有限公司董事长
徐开宇　国家能源投资集团有限责任公司安环部主任
董小刚　北京伊埃管理咨询有限公司总经理
焦权声　中海油安全技术服务有限公司(中国海油安全生产培训中心)副总经理
普建武　万华化学集团股份有限公司首席过程安全专家

“CCPS过程安全图书精选10册”
编译审核组

组　长：王浩水　中国职业安全健康协会党委副书记、副理事长、总工程师　应急管理部原党组成员、总工程师

副组长：王海军　中国职业安全健康协会驻会专家　应急管理部原应急指挥专员

罗新军　山东省工业和信息化厅原一级巡视员

胡予红　中国职业安全健康协会驻会专家　应急管理部国际交流合作中心原副主任

李文悦　中国职业安全健康协会副秘书长

组　员：(按姓氏笔画排序)

尹法波　青岛欧赛斯科技发展集团有限公司总工程师

卢朋慧　陶氏化学(张家港)有限公司工艺安全经理

刘　军　中国职业安全健康协会化工(危化)二部副主任

刘若尘　应急管理大学(筹)教授

刘慧茹　中国职业安全健康协会化工(危化)一部主任

李双程　伊士曼(中国)投资管理有限公司亚太区HSE总监

李永龙　国家能源集团北京低碳清洁能源研究院《清洁能源》期刊执行主编

李峰路　北京思创信息系统有限公司高级专家

吴祚祥　中国石油集团安全环保技术研究院有限公司二级工程师

张绍朋　中国职业安全健康协会化工(危化)二部业务专员

周纪标　安姆科集团亚太区EHS总监

孟庆杰　赢创特种化学(上海)有限公司北亚区过程安全经理
袁小军　北京风控工程技术股份有限公司技术总监
党文义　中国石化安全工程研究院有限公司副院长
徐　斌　中化应急技术服务(舟山)有限公司副总经理
高永宜　诺力昂化学品(上海)有限公司亚太区 HSE 总监
黄起中　国家能源投资集团有限责任公司安环部副主任
曹唯一　朗盛化学(中国)有限公司生产技术安全环境总监
董小刚　北京伊埃管理咨询有限公司总经理
普建武　万华化学集团股份有限公司首席过程安全专家
曾小明　鼎尚管理咨询(上海)有限公司总经理
蒲连雄　中海油安全技术服务有限公司安全总监

序

化工过程安全管理是预防重大危险化学品事故的先进理论和方法。美国化学工程师协会化工过程安全中心(CCPS)先后出版了100多本过程安全图书，不断总结化工过程安全管理的新理论、新知识与新实践，指导化工企业不断增强化工过程安全管理理念，持续提升化工过程安全管理水平，取得了显著成果，得到国际化工行业高度赞赏和认可。系统翻译CCPS过程安全图书是借鉴国际先进化工过程安全管理理念、技术与成功经验的有效举措，也是构建我国化工过程安全管理知识体系的必要措施，对推进我国化工行业高质量发展、推动我国危险化学品安全治理模式向事前预防转型具有重要和深远的意义。

中国职业安全健康协会(以下简称协会)党委副书记、副理事长、总工程师王浩水同志长期以来致力于推动化工过程安全管理的中国实践。为系统学习借鉴国际经验，王浩水同志亲自发起、组织和指导编委会首批甄选10册CCPS过程安全图书进行翻译出版，形成"CCPS过程安全图书精选10册"，后期还将陆续组织翻译、出版其他CCPS过程安全图书。

"CCPS过程安全图书精选10册"包括：

《过程安全工程设计指南(第二版)》(*Guidelines for Engineering Design for Process Safety, Second Edition*)

《通过事故调查持续改进过程安全》(*Driving Continuous Process Safety Improvement from Investigated Incidents*)

《过程安全领导力——从董事会到基层》(*Process Safety Leadership from the Boardroom to the Frontline*)

《精准风险决策指南》(*Guide for Making Acute Risk Decisions*)

《过程危害分析验证指南(第二版)》(*Guidelines for Revalidating

a Process Hazard Analysis, Second Edition)

《过程安全人因失误防范指南》(*Guidelines for Preventing Human Error in Process Safety*)

《过程安全文件编制指南》(*Guidelines for Process Safety Documentation*)

《过程安全知识管理指南》(*Guidelines for Process Safety Knowledge Management*)

《化学品安全仓储指南》(*Guidelines for Safe Warehousing of Chemicals*)

《过程安全事故典型案例解析》(*More Incidents that Define Process Safety*)

"CCPS 过程安全图书精选 10 册"分别由中国石油化工集团有限公司、国家能源投资集团有限责任公司、中国石油集团安全环保技术研究院、中国海洋石油集团有限公司安全生产培训中心、国家石油天然气管网集团科学技术研究总院、中国石油大学(华东)、万华化学集团股份有限公司安全生产管理中心、应急管理大学(筹)、北京风控工程技术股份有限公司、北京伊埃管理咨询有限公司、北京思创信息系统有限公司翻译和校审。

除以上单位外，朗盛化学(中国)有限公司、德凯达(上海)投资有限公司、诺力昂化学品(上海)有限公司、阿科玛(中国)投资有限公司、伊士曼(中国)投资管理有限公司、安姆科(中国)有限公司、圣莱科特集团、陶氏化学(中国)投资有限公司等在华外资企业也参与了"CCPS 过程安全图书精选 10 册"翻译稿的校审工作。

"CCPS 过程安全图书精选 10 册"不仅是传播化工过程安全管理新理念、新理论和新知识的载体，也是奉献化工安全风险管理新技术、新方法和新工具的手册。在翻译首批甄选的 10 册 CCPS 过程安全图书时，我们始终秉持"精准性、专业性、实用性"要求，力求在跨语言转换中实现基本原理、技术内涵的零损耗，既要忠于原著，又要契合我国化工安全管理实践。

在文字上，我们坚持“信”“达”“雅”原则，力求译文既保留原意又符合中文表达习惯，注重每句话的完整性，内容的准确性，语法结构的流畅性，语言载体的文学性。翻译过程中，协会多次组织专家就专业术语、书稿译文进行探讨斟酌。希望“CCPS 过程安全图书精选 10 册”能够准确呈现先进化工过程安全管理理念和科学方法，成为化工过程安全管理的理论和专业工具书。

首批甄选的 10 册 CCPS 过程安全图书翻译不仅是语言的转换，更是传播先进理念、安全文化和科学管理方法的桥梁，有助于国内化工从业者掌握国际前沿的安全管理方法，推动我国化工行业安全治理模式向事前预防转型。

愿“CCPS 过程安全图书精选 10 册”成为中外化工安全知识融合的典范，为守护更多劳动者安全健康、促进化工行业高质量发展贡献译者的专业力量。

“CCPS 过程安全图书精选 10 册”编译委员会

2025 年 5 月

《化学品安全仓储指南》
编译人员

董小刚　邹　瑜　张　琳　董小勇　陈　静
冯秋英　秦孝良　刘雅丽　梁　磊　孙　莉
栾　菲

译者的话

安全生产作为经济活动中的关键环节，始终受到国家高度重视。在此背景下，《化学品安全仓储指南》的翻译工作被赋予了重要使命。该书由美国化学工程师协会化工过程安全中心(CCPS)编著，是全球化工安全领域的重要参考文献。经过编译人员的精译细校，中文版现已正式与读者见面。

原书 *Guidelines for Safe Warehousing of Chemicals* 系统构建了化学品仓储的风险防控体系，涵盖健康危害评估、环境污染防控、火灾/爆炸抑制、应急响应等多个关键领域，为仓储运营商、设计单位及相关从业人员提供了详尽的指导框架。

译文坚持“以读者为中心”的原则，在忠实传达原意的基础上，对书中晦涩难懂的术语、句式及专业表述进行了细致解析与重构，力求语言简洁明晰、逻辑严谨流畅，最大限度贴近中文读者的阅读习惯和认知方式。译者在行文中注重语义的自然转换与专业表达的规范统一，力求让读者在阅读过程中感受到的是一本地道、通顺的专业图书，而非生硬直译的技术文本。为避免阅读障碍，译者将原文中的英制单位转换为公制单位，为读者提供更为顺畅的阅读体验。

按照彼得·纽马克的文本功能理论，译文力求实现信息功能的等效传达。翻译时采用 SDL Trados 等计算机辅助工具，构建专项语料库，确保术语统一。同时，建立“查询+咨询”双重机制：一方面广泛查阅国内权威文献，另一方面邀请行业专家参与论证，确保术语表达准确权威。例如在 segregated storage、cut-off storage、detached storage 等关键术语的翻译上，译者与审校人员反复推敲，最终通过对照国家标准 GB 15603—2022《危险化学品仓库储存通则》，明确了最为恰当的译法。

本译著的完成是产学研用协同努力的结晶。衷心感谢国家管网集团的专业指导，感谢各位专家的鼎力支持，更向所有坚守在化工安全第一线的从业者致以崇高敬意。

值得注意的是，由于技术进步、法律要求等原因，原文中的个别标准或规范或许不再适用。如 ANSI Z41—1991 已由 ASTM F2412 和 ASTM F2413 取代，NFPA 204M 已由 NFPA 204：2015 取代，NFPA 231 和 NFPA 231C 已并入 NFPA 230 等。建议读者在实践中查阅最新有效版本。

鉴于时间所限及技术进步日新月异，译文若有疏漏，恳请广大读者批评指正。

期待这部汇聚多方智慧的译作能为中国化工行业的安全发展提供有益参考。

目录

前言

美国化学工程师协会(AIChE)在化学加工厂过程安全领域已深耕30余年。协会通过与工艺设计师、建筑师、运营人员、安全专家及学术界建立的紧密联系，促进了信息的交流，并推动了行业安全标准的提升。其出版的书刊与召开的专题研讨会已成为化学工程界探讨事故根源及预防措施的重要资源。

1985年，美国化学工程师协会成立了化工过程安全中心(CCPS)，旨在开发和传播用于防止重大化学事故的技术信息。化工行业及相关行业的多家工业赞助商为该中心的项目提供必要的资金和专业指导。CCPS技术指导委员会及其下属负责监管各项目的技术分委会均由资助公司代表构成。中心的第一个项目是制定《危害评估程序指南》，此后出版了大量指南和简短的概念性书籍。

化学品在商业和工业领域的应用无处不在，其中化学品及其产品的仓储是这些活动中不可或缺的一环。尽管化学品安全仓储所采用的许多做法和标准与广泛应用于其他材料和货物的安全仓储做法相似，但化学品可能带来特殊的安全、环境或财产保护挑战。本书旨在识别并解决化学品仓储特有的问题，同时也考虑到与其他类型仓储运营的共性，希望为仓库操作员、建筑师、设计师及其他涉及化学品安全仓储的相关人员提供实用的参考。本书内容注重通用性和实用性，针对各类具体技术信息，引用了大量业内共识的规范与标准。

1993年，化学品安全仓储分委会成立并启动了一项重要项目，该项目汇聚了多家化学行业领先企业的代表，他们选择与Schirmer工程公司合作，共同编写了《化学品安全仓储指南》这本书。

致谢

美国化学工程师协会(AIChE)衷心感谢化工过程安全中心(CCPS)及其运营团队，同时向众多赞助商表达诚挚的谢意，正是他们的资金与技术支持，使得本项目得以圆满完成。

特别感谢化工过程安全中心化学品安全仓储分委会的各位成员，他们与 Schirmer 工程公司人员通力合作，共同完成了本书的编纂工作。对于他们在本书写作过程中所付出的不懈努力、提供的技术支持及给予的悉心指导，谨此深表谢意。

化学品安全仓储分委会成员

大卫·塔巴尔(宣威公司主席)

约翰·达文波特(工业风险承保商)

约翰·勒布朗(FM 工厂互助保险公司)

加里·佩奇(惠氏公司)

吉姆·托马斯(迈凯伦/哈特环境工程公司)

安东尼·托雷斯(伊士曼·柯达公司)

化学品安全仓储分委会前成员

约翰·安德森(杜邦公司)

约翰·F. 墨菲(陶氏化学公司)

技术顾问和审校人员

罗伯特·P. 贝内代蒂(美国国家消防协会)

威廉·J. 布拉德福德(康涅狄格州布鲁克菲尔德)

丹尼尔·A. 克劳尔(密歇根科技大学)

约翰·A. 霍夫迈斯特(洛克希德·马丁能源系统公司)

彼得·N. 洛达尔(伊士曼化学公司)

杰拉德·奥普肖尔(TNO 普林斯·莫里茨实验室)

肯尼斯·莫西格(美国国际保险公司)

阿德里安·L. 塞佩达(西方化学公司)

斯科特·A. 斯托基(奥斯汀消防局)

戴维·P. 纽金特(项目经理)(Schirmer 工程公司)

朱迪·林. 弗里曼(Schirmer 工程公司)

马克·奥利谢维奇(专业工程师)(Schirmer 工程公司)

作者衷心感谢加琳娜·马尔基娜为本书精心准备的 CAD 图纸。此外，凯西·克罗宁和阿普丽尔·尼尔森在手稿撰写过程中展现出的卓越奉献精神和专业技能，对我们来说弥足珍贵。

最后，我们要向化工过程安全中心的杰克·威弗和李·沙勒表达诚挚的谢意，感谢他们在本项目中给予的支持与指导。

缩略语<<<

ACGIH ——American Conference of Governmental Industrial Hygienists 美国政府工业卫生师协会

AFFF ——Aqueous Film Forming Foam 水性成膜泡沫

AIChE ——American Institute of Chemical Engineers 美国化学工程师协会

ANSI ——American National Standards Institute 美国国家标准学会

ASTM ——American Society for Testing and Materials 美国材料与试验协会

BFE ——Base Flood Elevation 基准洪水海拔

BOCA ——Building Official and Code Administrators, International 国际建筑官员与规范管理者协会

BOD ——Biological Oxygen Demand or Biochemical Oxygen Demand 生物需氧量或生物化学需氧量

Btu ——British Thermal Units 英制热量单位

CAS ——Chemical Abstracts Service 美国化学文摘社

CCPA ——Canadian Chemical Producers Association 加拿大化学生产者协会

CCPS ——Center for Chemical Process Safety 美国化工过程安全中心

CERCLA ——Comprehensive Environmental Response, Compensation and Liability Act of 1980 综合环境响应、赔偿和责任法(1980年)

CFR ——Code of Federal Regulations 美国联邦法典

CHRIS ——Chemical Hazards Response Information System 化学品危害响应信息系统

CMA ——Chemical Manufacturers Association 美国化学品制造商协会

DOT ——Department of Transportation 美国交通部

EPA ——Environmental Protection Agency 美国环境保护署

EPCRA ——Emergency Planning and Community Right to Know Act 应急计划与社区知情权法案

FEMA ——Federal Emergency Management Agency 美国联邦紧急事务管理局

FFFP ——Film Forming Fluoroprotein 成膜氟蛋白泡沫

FIRM ——Flood Insurance Rate Map 洪水保险费率图

FIS ——Flood Insurance Study 洪水保险研究

FM ——Factory Mutual 工厂互助(保险公司)

HAZWOPER ——Hazardous Waste Operations and Emergency Response 危险废物作业和应急响应

HMIS ——Hazardous Materials Identification System 有害物质识别系统

IDLH ——Immediately Dangerous to Life and Health 立即威胁生命和健康浓度

IRI ——Industrial Risk Insurers 工业风险承保商

IUPAC ——International Union of Pure and Applied Chemistry 国际纯粹与应用化学联合会

LFL ——Lower Flammable Limit 易燃下限

MSDS ——Material Safety Data Sheet 化学品安全技术说明书

NA ——North America 北美

NCP ——National Contingency Plan 国家应急计划

NFPA ——National Fire Protection Association 美国消防协会

NIOSH ——National Institute for Occupational Safety and Health 美国国家职业安全卫生研究所

NPCA ——National Paint and Coatings Association 美国涂料和油漆协会

OSHA ——Occupational Safety and Health Administration 美国职业安全与健康管理局

PEL ——Permissible Exposure Limit 容许接触限值

ppm ——Parts Per Million 百万分之一

PPE ——Personal Protective Equipment 个体防护装备

RCRA ——Resource Conservation and Recovery Act 资源保护与回收法案(1976 年)

RQ ——Reportable Quantities 需报告的数量

RTECS ——Registry of Toxic Effects of Chemical Substances 化学物质毒性数据库

SADT ——Self-Accelerating Decomposition Temperature 自身加速分解温度

SARA ——Superfund Amendments and Reauthorization Act 超级基金修正与再授权法

SHFA ——Special Hazard Flood Area 特定洪水风险区域

TLV ——Threshold Limit Value 阈值

TCLP ——Toxicity Characteristic Leaching Procedure 毒性特征浸出程序

UBC ——Uniform Building Code 美国统一建筑规范

UFL ——Upper Flammable Limit 易燃上限

UL ——Underwriters Laboratories 美国保险商实验室

UN ——United Nations 联合国

US ——United States 美国

术语

自燃温度——Auto-Ignition Temperature：与任何加热元素无关，启动或引发某物质在空气中自持燃烧所需的最低温度。

洪水基准——Base Flood：见特定洪水风险区域。

生物需氧量——Biological Oxygen Demand：通过化学物质的生物氧化过程消耗在水中溶解的氧气量，单位为磅（千克）或百分比。

CAS 登记号——CAS Registry Number：由美国化学学会化学文摘社为化学品分配的唯一编号，最多可包含九位数字。除水溶液外，混合物不包含在此登记号下。

催化剂——Catalyst：一种通过降低反应所需的活化能加速化学反应速率的化学物质。

可燃液体——Combustible Liquid：经试验测定，闭杯闪点在 100℉（37.8℃）或以上的液体。可燃液体进一步分为以下几类：

- Ⅲ类：闪点在 100℉（37.8℃）及以上但低于 140℉（60℃）的液体。
- ⅢA 类：闪点在 140℉（60℃）及以上但低于 200℉（93℃）的液体。
- ⅢB 类：闪点在 200℉（93℃）及以上的液体。

爆燃——Deflagration：反应区在未反应物质中传播的速度低于在未反应物质中的声速。当产生可能造成损害的爆炸波时，可以使用术语“爆炸性燃烧”。

爆轰——Detonation：反应区在未反应物质中传播的速度等于或高于在未反应物质中的声速。

吸热——Endothermic：需要或伴随热量吸收的物理或化学变化。

吸热化学反应——Endothermic Chemical Reaction：涉及一种或多种化学物质，导致一种或多种新化学物质的生成，并伴随热量吸收的反应。

放热反应——Exothermic：一种伴随热量释放的物理或化学变化。

放热化学反应——Exothermic Chemical Reaction：涉及一种或多种化学物质，导致一种或多种新化学物质的生成，并伴随热量释放的反应。

火源点——Fire Point：（如本书所定义的）易燃或可燃液体及某些易挥发的可燃固体会释放足够的蒸气，当暴露于点火源（如火花或火焰）时，与空气混合后能支持持续燃烧的最低温度。

易燃气体（NFPA 55）——Flammable Gas（NFPA 55）：在大气温度和压力下，无论下限如何，与空气的混合物体积比为 13%或更少，或与空气的易燃范围大于 12%，容易燃烧的气体。

易燃液体——Flammable Liquid：经试验测定闭杯闪点在 100℉（37.8℃）以下的液体。

易燃液体进一步分为以下几类：

- ⅠA 类：闪点低于 73℉(22.8℃)，沸点低于 100℉(37.8℃)的液体。
- ⅠB 类：闪点低于 73℉(22.8℃)，沸点在 100℉(37.8℃)或以上的液体。
- ⅠC 类：闪点在 73℉(22.8℃)或以上但低于 100℉(37.8℃)的液体。

易燃范围——Flammable Range：空气中可燃气体或蒸气能够发生火焰燃烧的浓度(按体积百分比计)。易燃范围有上限和下限。易燃范围由易燃上限(UFL)和易燃下限(LFL)界定。

闪点——Flash Point：(如本书所定义的)易燃或可燃液体及某些易挥发可燃固体会释放足够的蒸气，与空气混合并在液体或固体表面附近或试验容器内形成可点燃混合物的最低温度。

与火源点不同，闪点温度下的点燃可能不会导致持续燃烧。闪点有多种测试方法，并且相同物质的闪点可能因测试方法不同而有所差异。因此，提供闪点时应注明测试方法(如150°PMCC，200°TCC 等)。最常用于法规要求的测试是闭杯测试法。闪点测试方法如下：

- 克利夫兰开口杯法(CC)；
- 彭斯基·马丁闭口杯法(PMCC)；
- 塞塔佛拉希闭杯装置(SETA)；
- 塔格利亚布封杯法(TCC)；
- 塔格利亚布开口杯法(TOC)。

危险废物(40 CFR 261)——Hazardous Waste(40 CFR 261)：

危险废物可按以下类别进行分类：

- 可点燃——根据废液的闪点；对于固体，指通过摩擦或吸湿引起火灾并能剧烈持久燃烧的能力；符合 49 CFR 中氧化剂定义的固体；根据美国交通部定义可点燃的压缩气体。
- 腐蚀性——pH 值为 2 或 12.5，或其腐蚀钢铁的速度超过每年 0.25in(约 6.35mm)的废液。
- 反应性——不稳定并容易发生剧烈变化的废物；与水反应剧烈或与水混合时会产生有毒蒸气或烟雾；含有氰化物或硫化物并能在 pH 值介于 2 和 12.5 之间时生成有毒气体、蒸气或烟雾；在常温常压下，如果受到强烈的启动力或在密闭环境中加热，能够迅速引发爆炸或爆炸；或美国交通部禁用的爆炸物。
- 有毒——因为含有某些指定的金属、杀虫剂或有机化学物质，其浓度等于或超过指定的监管限值，未通过毒性特征浸出程序(TCLP)分析测试的液体废物或从废物固体中提取的物质。

抑制剂——Inhibitor：用于防止或停止化学反应(如聚合反应)发生的化学物质。

IUPAC 名称——IUPAC Name：根据正式的命名系统派生的化学名称，该系统采用每种特定化合物都有不同名称的基本原则。该系统由国际纯粹与应用化学联合会(IUPAC)开发并维护。

湖泊洪水——Lacustrine Flood：由湖泊或池塘溢出引发的洪水。

LC_{50}：在呼吸暴露条件下，导致约 50%的试验动物死亡的浓度。

LD_{50}：因摄入或皮肤吸收，导致约 50%的试验动物死亡的浓度。

不易燃气体(NFPA 55)——Nonflammable Gas(NFPA 55)：不符合易燃气体定义的气体。

一般货物——Ordinary Commodity：用来描述没有特殊性质或危险并按其相对火灾危害性进行分类的货物术语。一般货物可以进一步分类如下：

- 不可燃物(NFPA 13)：一种在使用形态下并在预期条件下不会点燃、燃烧、支持燃烧或在火灾或热源作用下释放可燃蒸气的物质。通过 ASTM E136 750℃垂直管式炉中材料性能的标准测试的材料应视为不易燃材料。
- Ⅰ类(NFPA 230)：Ⅰ类货物定义为基本上不可燃的产品，通常使用木托盘、(有或没有单层隔板的)普通瓦楞纸箱，或全部在木托盘上用普通纸包装材料包装的货物。这些产品被允许包含旋钮或手柄等少量的塑料装饰件。
- Ⅱ类(NFPA 230)：Ⅱ类货物定义为置于木托盘上包装在带有木条的木箱、实木箱、多层瓦楞纸箱或等效可燃包装材料中的Ⅰ类产品。
- Ⅲ类(NFPA 230)：Ⅲ类货物定义为置于木托盘上的木材、纸张、天然纤维布料、C 组塑料或其产品。产品被允许包含少量 A 组或 B 组塑料。例如，带有塑料抽屉滑轨、把手和装饰的木衣柜就是一个塑料量有限的货物。
- Ⅳ类(NFPA 230)：Ⅳ类货物定义为在纸板箱中含有大量 A 组塑料的Ⅰ类、Ⅱ类或Ⅲ类产品，或置于木托盘上的纸板箱中用 A 组塑料包装的Ⅰ类、Ⅱ类或Ⅲ类产品。此类别还包括 B 组塑料和流动性较强的 A 组塑料。
- Ⅳ类产品的例子包括：小型家电、打字机和带有塑料部件的相机；塑料背衬的胶带以及合成面料或衣物。包装材料的一个例子是瓦楞纸箱中发泡塑料保护壳内的金属产品。
- 塑料、弹性体和橡胶的分类(NFPA 230)。

注：以下分类基于未改性塑料材料。防火或阻燃改性剂的使用或材料的物理形态可能会改变分类。

A 组

- ABS(丙烯腈-丁二烯-苯乙烯共聚物)；
- 醛酸(聚甲醛)；
- 丙烯酸(聚甲基丙烯酸甲酯)；
- 丁基橡胶；
- EPDM(乙烯-丙烯橡胶)；
- FRP(玻璃纤维增强聚酯)；
- 天然橡胶；
- 氯丁橡胶(丙烯腈-丁二烯橡胶)；
- PET(聚对苯二甲酸乙二醇酯)；
- 聚丁二烯；
- 聚碳酸酯；

○ 聚酯弹性体；
○ 聚乙烯；
○ 聚丙烯；
○ 聚苯乙烯；
○ 聚氨酯；
○ PVC(聚氯乙烯——涂层面料、无支撑薄膜等高塑化材料)；
○ SAN(苯乙烯-丙烯腈共聚物)；
○ SBR(苯乙烯-丁二烯共聚物)。

B组

○ 纤维素类(醋酸纤维素、醋酸丁酸纤维素、乙基纤维素)；
○ 氯丁橡胶；
○ 氟塑料(ECTFE：乙烯-氯三氟乙烯共聚物；ETFE：乙烯-四氟乙烯共聚物；FEP：氟化乙烯-丙烯共聚物)；
○ 尼龙(尼龙6，尼龙66)；
○ 硅橡胶。

C组

○ 氟塑料(PCTFE：聚氯三氟乙烯；PTFE：聚四氟乙烯)；
○ 三聚氰胺(三聚氰胺甲醛)；
○ 酚醛树脂；
○ PVC(聚氯乙烯——管道、管道配件等刚性或轻度塑化材料)；
○ PVDC(聚偏二氯乙烯)；
○ PVF(聚氟乙烯)；
○ PVDF(聚偏二氟乙烯)；
○ 脲醛树脂(尿素甲醛树脂)。

有机过氧化物(NFPA 43B)——Organic Peroxide(NFPA 43B)：任何化学结构中含有双氧基或“过氧基”(—O—O—)的有机化合物。

有机过氧化物制剂(NFPA 43B)——Organic Peroxide Formulation(NFPA 43B)：纯有机过氧化物或一种或多种有机过氧化物与一种或多种其他物质在各种组合和浓度下的混合物。有机过氧化物制剂可进一步分类为：

- Ⅰ类——能发生慢燃但不能发生爆炸的制剂。
- Ⅱ类——燃烧非常迅速且具有严重反应性危害的制剂。
- Ⅲ类——燃烧非常迅速且具有中等反应性危害的制剂。
- Ⅳ类——与普通可燃物燃烧方式相同且具有最小反应性危害的制剂。
- Ⅴ类——燃烧强度低于普通可燃物，或不能持续燃烧且无反应性危害的制剂。

氧化性气体(NFPA 55)——Oxidizing Gas(NFPA 55)：一种能支持并加速其他物质燃烧的气体。

氧化剂(NFPA 430)——Oxidizer(NFPA 430)：任何易释放氧气或其他氧化性气体，或易于反应以促进或引发可燃物质燃烧的物质。其他氧化性气体的例子包括溴、氯和氟。氧化剂可进一步分类为：

- 1类——主要危害为轻微增加燃烧速率，但不会引发与可燃物接触时的自燃。
- 2类——会导致燃烧速率的适度增加，或与可燃物接触时引发自燃。
- 3类——会导致与可燃物接触时燃烧速率的严重增加，或由于污染或暴露于热源而发生剧烈的自持分解。
- 4类——由于污染或暴露于热或物理冲击可能引发爆炸性反应。此外，此类氧化剂会增强燃烧速率，并可能引发可燃物的自燃。

聚合反应——Polymerization：一种由其中一个或多个小分子结合形成较大分子的化学反应。危险聚合反应是指以释放大量能量的速率进行的反应。

自燃性——Pyrophoric：物质与空气燃烧时能自发燃烧的特性。

自燃气体(NFPA 55)——Pyrophoric Gas(NFPA 55)：会在空气中在温度为130℉(54℃)或更低时自发燃烧的气体。

化学物质毒性数据库——Registry of Toxic Effects of Chemical Substances：由美国国家职业安全健康研究所开发用于为化学名称分配一个九位字母数字编号的一种系统。

河流洪水——Riverine Flood：由河流、溪流或小溪溢出引起的洪水。

自加速分解温度——Self-Accelerating Decomposition Temperature：能进行放热分解反应的物质让分解反应释放的热量超过向周围环境散失能量所需维持的最低温度。这样物质的温度将上升，并加速分解反应速率。

特定洪水风险区域——Special Hazard Flood Area：一种有可能在任意一年内发生的洪水概率为1%或更大的区域。通常被称为百年一遇洪水或基准洪水。

比重——Specific Gravity：一个表示某一物质密度与参比物质密度之比，随温度变化的无量纲值。对于固体和液体，参比物质是39℉(4℃)时的水；对于气体和蒸气，参比物质是60℉(15.6℃)时的干空气。

化学计量浓度——Stoichiometric Concentration：用于描述一个平衡化学反应中所有反应物都完全转化为产物的化学反应的反应物之间的平衡比。

有毒气体(NFPA 55)——Toxic Gas(NFPA 55)：按NFPA 704标准定义健康危害等级为3或4的气体。

TL_M——在给定浓度和时间条件下，约50%的暴露物种会表现出死亡等异常行为的半数耐受限度。

联合国危险货物编号——UN/NA Number：由联合国和美国交通部使用的四位数字编号。该编号分配给一种或一组有害化学品。

蒸气-空气密度——Vapor-Air Density：纯气体或蒸气的单位体积质量与等温等压下干空气的单位体积质量之比。

蒸气压——Vapor Pressure：给定温度下，在液体或固体上方所施加的压力。

1 引言

1.1 背景

化学工业及其产品极大地推动了人类生活质量的提升与生活水平的改善。然而，这些成就的背后，并非没有与之相伴的潜在风险。

作为社会的一员，我们已经学会接受和管理日常生活中所面临的风险。我们明白，一个完全无风险的环境是不可能实现的。同样，化学品仓库环境也并非绝对安全。化学品的储存潜藏着种种危害，因此，人员伤病、环境受损、财产损失、业务中断等风险始终存在。

这些危害可能由地震或洪水等自然灾害、人为因素或设备故障引发，其影响可能持续多年，在某些情况下甚至会导致不可逆的后果。因此，我们必须充分认识化学品仓储风险，并采取适当的防范和减缓措施。

1.2 范围

本书旨在识别存放于各种容器和包装系统中的化学品在仓储环节所潜藏的隐患，包括健康影响、环境污染、火灾和爆炸，同时提出降低对员工、周围人群、环境、财产和业务运营风险的相关方法。本书涉及的问题最适用于处于规划阶段的新仓库，但也可用于管理层对现有设施的评估。就设施类型而言，本书既包括专门储存化学品的仓库，也涵盖同时储存其他货物的混合型仓库。仓库可以位于生产场地内，也可以是独立设施。此外，对存放公司物资的第三方仓库或公共仓库等非自有、非自营的仓储设施，采用本书标准进行评估，不失为一种明智之举。

本书不涉及制造材料、铁路车辆及运输相关问题，不涵盖化学品的灌装、分装或重新包装，也不涉及放射性材料或易爆材料的储存。此外，反应活性问题已在化工过程安全中心(CCPS)出版的《反应性材料安全储存指南》(*Guidelines for Safe Storage of Reactive Materials*)中详述，本书不再赘述。

1.3 目的

化学品安全仓储需要采用融合多领域考量的综合性方案。根据本书适用范围，其宗旨在于通过绩效导向方法为仓库运营商、设计单位及其他化学品安全仓储相关方提供标准参考框架。

2　货物的危害

2.1　概述

化学品性质各异，若要实现“安全仓储”，必须识别并了解其危害。要全面了解这些危害，还需要对化学品容器及包装系统、储存布局，以及仓库在使用过程中可能遭遇的各种情况(如火灾或洪水)进行评估。

本章将阐述决定货物整体危害的关键因素，这是理解风险并着手降低风险的第一步。在后续的章节里，我们将解析针对员工、周边居民、环境以及财产安全的风险控制策略。

2.2　化学品的识别

无论仓库是处于规划阶段还是已经全面投入运营，在进行综合风险评估时，化学品的识别通常都位列众多考虑因素之首。

化学品和商品的危害可通过多种分类体系进行分级。化学品的标识信息可通过以下方式确认：国际纯粹与应用化学联合会(IUPAC)命名、商品名、通用名、联合国/北美(UN/NA)编号、美国化学文摘社(CAS)登记号、化学物质毒性数据库(RTECS)编号或化学式。例如，丙烯腈可以通过以下方式识别：

IUPAC 名称：氰基乙烯

商品名和通用名(同义词)：Acrylon、丙烯腈、Acrylonitrile、AN、Carbacryl、Fumigrain、Propenenityrile、VCN、Ventox、乙烯基氰

UN/NA 编号：1093

CAS 登记号：107-13-1

RTECS 编号：AT5250000

化学式：$CH_2{=}CHCN$

装有化学品的容器和包装应通过容器标签、运输单据或化学品安全技术说明书(MSDS)方便识别。如需有关化学品方面的额外信息，可参考表 2-1 中列出的多种文献。

表 2-1　化学品标识信息、性质、危害、反应活性及特殊处理参考列表

ACGIH 化学物质及物理因素的阈值和生物接触限值
《布雷瑟里克反应性化学品危害手册》
《美国联邦法典》29 CFR 1910.1000：空气污染物
《美国联邦法典》49 CFR 第 100~179 部分：有害物质
《简明化学词典》(Lewis，1997)
《农用化学品手册》
《危险化学品手册》(Lewis，1993)
《默克索引》(Windzholz)
美国消防协会　NFPA 30《易燃及可燃液体规范》
美国消防协会　NFPA 30B《气溶胶产品制造与储存规范》
美国消防协会　NFPA 43B《有机过氧化物制剂储存规范》
美国消防协会　NFPA 43D《便携式容器中农药的储存规范》
美国消防协会　NFPA 49M《危险化学品数据》
美国消防协会　NFPA 325《易燃液体、气体和挥发性固体的火灾危险特性指南》
美国消防协会　NFPA 430《液态和固态氧化剂储存规范》
美国消防协会　NFPA 490《硝酸铵的储存规范》
美国消防协会　NFPA 491M《危险化学反应手册》
美国国家职业安全卫生研究所 NOISH/美国职业安全与健康管理局 OSHA《化学危害职业健康指南》
《萨克斯工业材料危险性能参考手册》
《美国交通部应急响应指南》
美国交通部/美国海岸警卫队《化学品危害响应信息系统(CHRIS)手册》

2.3　化学品的性质与危害识别

化学品的物理特性是确定其容器与包装系统类型，以及容器或包装失效时化学品扩散模式的决定性因素。这些特性同样对化学品产生的危害具有决定性影响。例如，如果发生溢漏，液体的沸点会影响其蒸气释放的速度，沸点低的易燃液体则会增大火灾或爆炸的风险。表 2-2 列出了部分化学品的物理特性，包括相态、相对密度、蒸气相对密度、沸点及水溶性。表 2-3 列出了这些化学品的火灾和爆炸危害信息，其中包括闪点、自燃温度、燃烧极限、自行反应性和不稳定性相关的数据。

表 2-2　部分化学品的物理特性

化学名称	相态 [70℉(21℃)和 1atm(1bar)]	相对密度 (H_2O=1)	蒸气相对密度 (空气=1)	沸点/℉(℃)	水溶性
氨	气体	不适用	0.6	-28(-33)	是
氯	气体	不适用	2.44	-29(-34)	否
丙烷	气体	不适用	1.6	-44(-42)	否
丙酮	液体	0.8	2.0	133(56)	是

续表

化学名称	相态 [70℉(21℃)和1atm(1bar)]	相对密度 ($H_2O=1$)	蒸气相对密度 (空气=1)	沸点/℉(℃)	水溶性
丙烯腈	液体	0.8	1.8	171(77)	是
玉米油	液体	0.9	未报告	未报告	否
二嗪磷	液体	1.117	未报告	极高；分解	略微
乙醚	液体	0.7	2.6	95(35)	略微
松香水	液体	0.8	3.9	300(149)	否
车用机油	液体	0.84~0.96	未报告	极高	否
硝酸铵	固体	1.72	不适用	不适用	是
次氯酸钙 (含水与无水)	固体	2.35	不适用	不适用	是(与水反应 释放氯气)
甲萘威	固体	1.23	不适用	不适用	否

来源：NFPA 49、NFPA 325、美国海岸警卫队《化学品危害响应信息系统(CHRIS)手册》和《浓缩化学词典》。

表 2-3　火灾和爆炸危害数据

化学名称	闪点/℉(℃)	自燃温度/℉(℃)	易燃下限/%	易燃上限/%	自行反应性和不稳定性
氨	不适用	1.204(651)	15	28	不适用
氯	不适用	不适用	不适用	不适用	不适用
丙烷	不适用	842(450)	2.1	9.5	不适用
丙酮	-4(-20)	869(465)	2.5	12.8	不适用
丙烯腈	32(0)	898(481)	3	17	高温下可能引发 危险聚合反应
玉米油	490(254)	740(393)	未报告	未报告	不适用
二嗪磷	82~105(28~41) (仅溶液；纯液体难燃)	不适用	不适用	不适用	不适用
乙醚	-49(-45)	356(180)	1.9	36	可能形成爆炸性过氧化物
松香水	104(40)	473(245)	0.8@212℉ (100℃)	未报告	不适用
车用机油	275~600 (135~316)	325~625 (163~329)	未报告	未报告	不适用
硝酸铵	不适用	不适用	不适用	不适用	在410℉(210℃)以上分解， 释放一氧化二氮
次氯酸钙 (含水与无水)	不适用	不适用	不适用	不适用	在350℉(177℃)以上分解， 释放氧气和氯气
甲萘威	不适用	不适用	不适用	不适用	不适用

来源：NFPA 49和NFPA 325。

表2-4列出了这些化学品对人体健康的一些危害信息，其中包括急性暴露的警示信息、“立即威胁生命和健康浓度”(IDLH)、致死摄入量(LD_{50})、燃烧产物产生的特殊危害。此

外，表中还列出了 OSHA 容许接触限值(PEL)和美国政府工业卫生师协会 ACGIH 阈值(TLV)，用于评估慢性健康危害。表 2-5 列出了这些化学品的一些环境危害信息，包括水生毒性、水禽毒性、生物需氧量(BOD)、食物链浓缩潜力等。

表 2-4 人体健康危害

化学名称	急性健康危害	立即威胁生命和健康浓度及致死摄入量	燃烧产物的特殊危害	慢性健康危害
氨	蒸气：吸入有毒，刺激眼、鼻、喉。 液体：会烧伤皮肤和眼睛。 吞入有害，可能导致冻伤	500ppm 不相关	未报告	OSHA 容许接触限值：50ppm ACGIH 阈值：25ppm
氯	蒸气：吸入有毒，会烧伤眼睛。 液体：会烧伤皮肤和眼睛。会导致冻伤	25ppm 不相关	可燃物在氯气中燃烧时生成有毒产物	OSHA 容许接触限值：1ppm ACGIH 阈值：1ppm
丙烷	蒸气：不刺激眼、鼻、喉。吸入会导致头晕、呼吸困难或失去意识。 液体：可能导致冻伤	20000ppm 不相关	未报告	OSHA 容许接触限值：1000ppm ACGIH 阈值：窒息
丙酮	蒸气：刺激眼、鼻、喉。吸入可能导致呼吸困难或失去意识	20000ppm LD_{50} = 5～15g/kg(犬)	未报告	OSHA 容许接触限值：1000ppm ACGIH 阈值：750ppm
丙烯腈	蒸气：吸入有毒，刺激眼睛。 液体：摄入有毒，刺激皮肤和眼睛	4ppm LD_{50} = 50～500mg/kg(大鼠、豚鼠)	加热或燃烧时，丙烯腈可能释放有毒的氰化氢气体和氮氧化物	OSHA 容许接触限值：2ppm ACGIH 阈值：2ppm
玉米油	无害	无可用数据 无	未报告	OSHA 容许接触限值：未报告 ACGIH 阈值：未报告
乙醚	蒸气：刺激眼、鼻、喉。吸入可能导致恶心、呕吐、头痛或失去意识。 液体：刺激皮肤，吞咽有害	19000ppm LD_{50} = 0.5～5g/kg	未报告	OSHA 容许接触限值：400ppm ACGIH 阈值：400ppm
松香水	液体：刺激皮肤和眼睛，吞咽有害	无可用数据 LD_{50} = 0.5～5g/kg	未报告	OSHA 容许接触限值：500ppm ACGIH 阈值：无可用数据
车用机油	液体：刺激皮肤和眼睛，吞咽有害	无可用数据 LD_{50} = 5～15g/kg	未报告	OSHA 容许接触限值：未报告 ACGIH 阈值：无可用数据

续表

化学名称	急性健康危害	立即威胁生命和健康浓度及致死摄入量	燃烧产物的特殊危害	慢性健康危害
二嗪磷	液体：吞咽有毒，刺激皮肤和眼睛	无可用数据 3级；口服 LD_{50}=76mg/kg（大鼠）	火灾中可能生成硫氧化物和磷氧化物	OSHA 容许接触限值：未报告 ACGIH 阈值：0.1mg/m^3
硝酸铵	粉尘：刺激眼、鼻、喉，吸入可能导致咳嗽或呼吸困难	不相关 无可用数据	分解时释放极毒的氮氧化物	OSHA 容许接触限值：未报告 ACGIH 阈值：不相关
次氯酸钙	固体：刺激皮肤和眼睛，吞咽会导致恶心、呕吐或失去意识	无可用数据 LD_{50}在 15g/kg 以上	加热时可能生成有毒气体	OSHA 容许接触限值：未报告 ACGIH 阈值：不相关
甲萘威	固体或溶液： 刺激皮肤和眼睛，摄入有害	625mg/m^3 2级；LD_{50}=0.5~5g/kg（大鼠 LD_{50}为 0.51g/kg）	未报告	OSHA 容许接触限值：未报告 ACGIH 阈值：5mg/m^3

来源：美国海岸警卫队《化学品危害响应信息系统（CHRIS）手册》、29 CFR 1910.1000、29 CFR 1910.1045、ACGIH 阈值指标。

表 2-5 环境危害

化学名称	水生毒性					水禽毒性	生物需氧量	食物链浓缩潜力
	浓度	暴露时间	水生物种	影响	水类型			
氨	2.0~2.5ppm 60~80ppm 8.2ppm	1~4天 3天 96h	金鱼和黄鲈 小龙虾 胖头鱼	未说明 LC_{100} TL_M	未说明	120ppm	不相关	无
氯	0.08ppm 10ppm	168h 1h	鳟鱼 海鞘	TL_M 死亡	淡盐水	无可用数据	无	无
丙烷	无	无	无	无	无	无	无	无
丙酮	14250ppm 13000ppm	24h 48h	太阳鱼 柳条鱼	死亡 TL_M	自来水 浑浊	不相关	（理论值） 122% 5天	无显著影响
丙烯腈	100ppm 0.05~1ppm	24h 24h	所有鱼类，蓝鳃太阳鱼	100%死亡，致命	淡盐水	不相关	70%，5天	无显著影响
玉米油	无可用数据	无可用数据	无可用数据	无可用数据	无可用数据	无可用数据	无可用数据	无
二嗪磷	0.025ppm	96h	石蝇若虫	TL_M	淡水	LD_{50}=3.54mg/kg LD_{50}=5天，90ppm 鸭子 LD_{50}=7天，68ppm 鹌鹑	无可用数据	无可用数据
乙醚	无可用数据	无可用数据	无可用数据	无可用数据	无可用数据	无可用数据	3%，5天	无

续表

化学名称	水生毒性					水禽毒性	生物需氧量	食物链浓缩潜力
	浓度	暴露时间	水生物种	影响	水类型			
松香水	无可用数据	无可用数据	无可用数据	无可用数据	无可用数据	无可用数据	8%，5 天	无
车用机油	无可用数据	无可用数据	无可用数据	无可用数据	无可用数据	无可用数据	无可用数据	无
硝酸铵	无可用数据	无可用数据	无可用数据	无可用数据	无可用数据	无可用数据	无可用数据	无
次氯酸钙	0.5ppm	未说明时间	鳟鱼	死亡	淡水	无可用数据	不相关	不相关
甲萘威	5.5ppm 0.013ppm	96h 48h	蓝鳃太阳鱼 南美白对虾	TL_M TL_M	淡盐水	LD_{50} = 2179mg/kg	无可用数据	未观察到

2.4 货物分类体系

为了评估储存货物的危害程度，业内已建立多套相对应的分级体系。与化学品仓库相关的分级体系包括气溶胶产品、压缩和液化气体、易燃和可燃液体、危险废弃物、一般货物、有机过氧化物制剂、农药以及液态和固态氧化剂。分级体系不仅实现危险能级标定，更关键的是，为仓储设施预防不良事故发生和减轻事故后果的策略提供依据。表 2-6 列出了一些货物分类参考文献。

需要注意的是，对于某些有害物质(如“易燃液体”)的定义，不同分类体系(例如美国消防协会和美国交通部)的标准可能存在差异。因此，明确所采用的分类体系对于准确定义至关重要。

表 2-6 货物分类参考文献

《美国联邦法典》40 CFR 第 152 部分：农药登记与分类程序
《美国联邦法典》40 CFR 第 261 部分：危险废弃物识别与清单
美国消防协会 NFPA 30B《气溶胶产品制造与储存规范》
美国消防协会 NFPA 30《易燃及可燃液体规范》
美国消防协会 NFPA 231《一般储存标准》
美国消防协会 NFPA 231C《材料货架储存标准》
美国消防协会 NFPA 43B《有机过氧化物制剂储存规范》
美国消防协会 NFPA 430《液态和固态氧化剂储存规范》
美国消防协会 NFPA 55《压缩气体与低温流体规范》
美国消防协会 NFPA 704《应急响应材料危害识别标准系统》
美国涂料和油漆协会 NPCA《有害物质识别系统标准》

2.4.1 美国环境保护署(EPA)

2.4.1.1 杀虫剂

根据《美国联邦法典》40 CFR 第 152 部分“农药产品”，美国环境保护署的分类系统可以将杀虫剂毒性分为四个类别：Ⅰ类、Ⅱ类、Ⅲ类、Ⅳ类。Ⅰ类杀虫剂危害程度最高，Ⅳ类杀虫剂危害程度最低。该分类系统仅考虑急性短期毒性，而不考虑慢性长期毒性、火灾危害、反应活性危害和环境危害。杀虫剂的毒性类别根据口服 LD_{50}、LC_{50} 值、皮肤 LD_{50} 值以及对皮肤和眼睛产生的局部影响来确定。

除了毒性类别名称，杀虫剂还可以附带信号词作为标注。Ⅰ类毒性会根据暴露效果被标注为“危险”或“有毒”；Ⅱ类毒性标注为“警告”；Ⅲ类和Ⅳ类毒性则标注为“注意”。该系统存在局限性，因为 LD_{50} 和 LC_{50} 值都是基于实验室动物的暴露数据得出的，它们与人体实际暴露情况的直接相关性可能并不高。此外，用于描述皮肤和眼睛刺激或损伤效果的术语也可能因解释的差异而导致理解上的偏差。

2.4.1.2 有害废弃物

依据《资源保护与回收法案(1976 年)》(RCRA)的规定，废弃物若满足以下一项或多项标准——包括易燃性、腐蚀性、反应活性或毒性特征——即被视为有害废弃物，这一界定与美国环境保护署在术语表中的定义相吻合。另外，若废弃物被明确列入以下任一清单中，同样被认定为有害废弃物：

- F-清单(见《美国联邦法典》40 CFR 第 261.31 部分：来自非特定来源的有害废弃物)；
- K-清单(见《美国联邦法典》40 CFR 第 261.32 部分：来自特定来源的有害废弃物)；
- P-清单[见《美国联邦法典》40 CFR 第 261.33(e)部分：丢弃的商业化学产品、不合格品种、容器残留物及溢漏残留物]；
- U-清单[见《美国联邦法典》40 CFR 第 261.33(f)部分：丢弃的商业化学产品、不合格品种、容器残留物及溢漏残留物]。

2.4.2 美国消防协会(NFPA)

2.4.2.1 气溶胶产品

根据美国消防协会《气溶胶产品制造与储存规范》(NFPA 30B)确立的分类系统，气溶胶产品可分为 1 级、2 级和 3 级。其中，1 级气溶胶产品被认为危害性最小，3 级气溶胶产品危害性最大。该分类系统基于这些产品的火灾危害性，而未涉及气溶胶产品的其他危害，如：急性和慢性健康危害、环境危害等。气溶胶产品的火灾危害性通过“12-托盘气溶胶分类测试”或气溶胶罐内所有成分的化学燃烧热来确定。

12-托盘分类测试结果考虑了多种因素，包括开启的喷淋头数量、天花板处钢梁的最高温度、火羽流的最高温度与速度、最大热流、最大质量损失率及净质量损失百分比。对于某一特定的气溶胶产品，其等级取决于火灾的抑制或控制情况以及火灾测试中开启的喷淋头数量。如果火灾得到了很好的控制或抑制，该产品将被划分为“1 级”；如果火灾被勉强控制，则为“2 级”；如果火灾未能得到良好的控制，则归为“3 级”。

另一种分类方法是测定气溶胶罐内所有成分的化学燃烧热。此方法与 12-托盘分类测试结果具有一致性。化学燃烧热是理论燃烧热与燃烧效率的乘积。如果化学燃烧热介于 0~8600(含)Btu/lb(20kJ/g)，则该产品被归为“1 级”；如果化学燃烧热介于 8600Btu/lb(20kJ/g)与 13000(含)Btu/lb(30kJ/g)之间，则为“2 级”；如果化学燃烧热高于 13000Btu/lb(30kJ/g)，则为“3 级”。NFPA 30B 要求气溶胶产品在外包装上标注火灾级别，以便于识别。

表 2-7 列出了常见气溶胶产品中化学物质的理论燃烧热、燃烧效率及化学燃烧热。

表 2-7 常见气溶胶产品中化学物质的燃烧热

物质	理论燃烧热/Btu/lb(kJ/g)	燃烧效率	化学燃烧热/Btu/lb(kJ/g)
丙酮	12296(28.6)	0.97	11909(27.7)
玉米油	15821(36.8)	0.96	15176(35.3)
松香水	19260(44.8)	0.92	17712(41.2)

来源：Newman，1994。

NFPA 30B 分类系统可用于对以下方面进行明确或确定某些要求：建筑物天花板高度、允许的储存量、储存布置、自动喷淋系统保护需求、建筑物构造特性。

2.4.2.2 易燃及可燃液体

根据《易燃及可燃液体规范》(NFPA 30)，易燃及可燃液体可分为ⅠA 类、ⅠB 类、ⅠC 类、Ⅱ类、ⅢA 类及ⅢB 类。其中，ⅠA 类液体被认为最危险，ⅢB 类液体危害最小。该分类系统基于闭杯闪点温度进行划分，对于ⅠA 类和ⅠB 类液体，还包括沸点温度的考量。如果液体的闪点<100℉(37.8℃)，则被视为易燃液体；如果闪点≥100℉(37.8℃)，则被视为可燃液体。

用于制定自动喷水灭火系统设计标准的火灾测试表明，其他因素对于确定被装卸液体的整体火灾危害至关重要。这些因素包括液体特性(如：液体燃烧速率、燃点、相对密度、水溶性、黏度)，还包括容器的设计和尺寸。这些重要因素已被纳入《易燃及可燃液体规范》(NFPA 30)1996 版第 4~8 节的喷水灭火系统设计表中。

2.4.2.3 一般货物

根据《一般储存标准》(NFPA 231)和《材料货架储存标准》(NFPA 231C)所建立的分类系统，一般货物可划分为不可燃货物、可燃性货物(Ⅰ类、Ⅱ类、Ⅲ类、Ⅳ类)以及 A 类、B 类、C 类塑料。该系统主要根据一般货物在自动喷水灭火系统保护下的火灾特性进行分类。根据这一系统，非燃性货物被视为危害性最低，而 A 类塑料则被视为危害性最高。货物的相对危害程度取决于材料的燃烧性能及其在储存排列中的配置。一般货物的分类基本上有四种方法：小型火灾测试、基于物理特性的主观评估、中大型火灾测试和基于量热法的火灾测试。

NFPA 231 和 NFPA 231C 中使用的分类系统指明或规定一些具体的要求来预防火灾或减轻火灾危害，这些要求包括自动喷水灭火保护、储存安排、建筑结构特征等。

2.4.2.4 有机过氧化物制剂

根据《有机过氧化物制剂储存规范》(NFPA 43B)，有机过氧化物制剂划分为Ⅰ类、Ⅱ类、Ⅲ类、Ⅳ类或Ⅴ类。在此分类系统中，Ⅰ类有机过氧化物制剂的危害性最高，Ⅴ类的危害性最低。该系统基于有机过氧化物制剂在储存条件下暴露于火灾时的火灾危害和自行反应行为。具体而言，该系统适用于某些由美国交通部或加拿大交通部批准的容器包装的商业制剂。该系统不涉及在火灾中会发生爆炸的有机过氧化物制剂。此外，该系统也未涉及有机过氧化物的急性和慢性健康危害以及环境危害。

NFPA 43B 分类系统涵盖了从不能持续燃烧到燃烧速度非常快的有机过氧化物制剂。此外，有机过氧化物制剂的自行反应行为包括从无自行反应性到能够自发分解导致爆燃的各种情况。

有机过氧化物制剂表现的定义可能存在解释上的差异。因此，为了更好地按类别识别商业有机过氧化物制剂，NFPA 43B 附录中列出了典型制剂及其类别，其中列出了有机过氧化物的名称和浓度、稀释剂类型、最大单个容器尺寸以及 NFPA 704 危害识别等级。

NFPA 43B 分类系统用于明确或判定某些用来预防火灾和爆炸或减轻其影响的要求，对允许的最大储存量、自动喷水灭火保护、是否需要将某些有机过氧化物制剂储存在冰箱或冷冻柜中、储存布置、建筑结构特征等作出要求。

2.4.2.5 液体与固体氧化剂

《液态和固态氧化剂储存规范》(NFPA 430)将液体和固体氧化剂划分为 1 类、2 类、3 类或 4 类。其中，1 类氧化剂被认为危险性最低，4 类氧化剂危险性最高。该分类系统依据的是，市售液体与固体氧化剂在储存条件下所表现出的行为特性。这些行为特性涵盖了火灾危害和反应活性两个方面。但该系统不涵盖液体与固体氧化剂可能带来的急性与慢性健康危害及其环境危害。

NFPA 430 分类系统充分考量了液体与固体氧化剂的火灾危害行为。这些行为可能导致可燃材料燃烧速率加快或引发自燃现象。同时，液体与固体氧化剂的反应活性行为也包括那些能够自行分解或产生爆炸反应的表现。尽管液体和固体氧化剂类别的定义可能存在解释上的差异，但 NFPA 430 分类系统是技术委员会通过现有科技数据、实际经验及其专业意见进行综合评估后得出的结果。NFPA 430 附录中列出了按类别划分的典型液体与固体氧化剂。除非另有说明，否则所列氧化剂均假定为纯物质。

NFPA 430 分类系统用于指明或确定一些预防火灾和爆炸或减轻其影响的要求，对允许储存量、自动喷水灭火保护、储存布置特征、建筑物类型等作出要求。

2.4.2.6 压缩气体与液化气体

压缩气体和液化气体根据其主要危害进行分类，采用的是《压缩气体与低温流体规范》(NFPA 55)中的定义。NFPA 55 将压缩气体和液化气体分类为有毒气体、自燃气体、易燃气体、不易燃气体、氧化性气体。详细的定义可参考本书“术语”部分。

2.4.2.7 NFPA 704：物质火灾危害识别系统

该危害识别系统采用数字标记(范围 0~4)为应急响应人员提供了关于健康危害、易燃性以及反应活性的相对评估。此外，该系统还揭示了潜在的氧化和水反应活性等其他危害。NFPA 704 标记采用菱形设计，按颜色分为四部分。附录 A 对与每个数字相对应的危害进行了基本说明。该系统为物质在火灾暴露或溢漏情况下的类型及危害严重性提供了综合指标，但并未涵盖长期健康暴露的慢性影响、容器与包装系统的性能、环境危害以及与其他化学品的相容性问题。NFPA 704 的火灾和反应活性危害评级与 NFPA 430 和 NFPA 43B 等其他货物分类系统并无关联。

2.4.3 美国涂料和油漆协会(NPCA)有害物质识别系统

该危害识别系统与 NFPA 704 系统非常相似，同样针对健康、易燃性和反应性危害使用 0~4 的相对等级量表。该系统的评分与 NFPA 704 的评分一样，都采用火灾和反应活性评级，但在描述每种危害时使用的术语可能有所不同。此外，该系统还包括个人防护指数。

个人防护指数使用字母标记和符号，代表特定的防护设备组合，如：手套和安全眼镜。附录 B 提供了评级摘要以及按“个人防护”字母标记列出的设备清单。该危害识别系统旨在保护员工在“常规搬运”条件下免受职业暴露。然而，突发异常工况或系统扰动时，推荐的防护设备可能不足以提供有效保护。

2.4.4 联合国(UN)和美国交通部(DOT)有害物质类别

附录 C 列出了联合国和美国交通部有害物质分类。该系统与前述系统并非完全相关，其主要适用于货物运输，而非仓储环境。该系统旨在如同 NFPA 704 及 NPCA 有害物质识别系统实现危害的快速识别。

2.5 容器与包装系统

容器与包装系统采用多种设计与构造材料(表 2-8)。仓库中的化学品也可采用散装堆垛的形式存放。某一特定货物的整体危害性由其化学品的固有物理属性、火灾与爆炸风险、健康危害，以及容器或包装系统(如使用)的性能共同决定。理想情况下，容器与包装系统应保持其完整性，不泄漏其容纳的物质。为了全面评估某一化学品储存相关的风险，应考虑可能在仓库中发生的所有情况或情景。其中包括物料搬运事故、水灾和火灾。

表 2-8 典型容器与包装系统

项目	类型	物质
非散装	袋装	布、纸、塑料、纸/铝箔/塑料复合材料
	盒中袋	瓦楞纸板中的塑料袋和瓦楞纸板中的水溶性聚乙烯醇薄膜
	瓶装	玻璃、塑料和水溶性聚乙烯醇
	桶装	钢、塑料和纤维
	罐装	钢、塑料和纤维
散装	中型散装容器(刚性、半刚性或柔性)	钢、铝、塑料、木材、纤维、纺织品和纸
	便携式罐体	钢和铝

联合国(UN)制定了化学品容器和包装系统测试的标准。这些标准“以性能为基础”，收录于已出版的《危险货物运输建议》中。美国交通部(DOT)于 1990 年采纳了联合国的建议，并在 1996 年进行了修订。

根据容器类型，UN/DOT“基于性能”的测试包括跌落、密封性、静水压、堆码、振动、上下吊运、撕裂、倾覆和扶正测试。

UN/DOT 危险物质分类(见第 2.4 节)，每种化学品还被归类为某一“包装组”。

其中有如下三类“包装组”：

- Ⅰ类包装组——分配给危险极大的物质；
- Ⅱ类包装组——分配给危险中等的物质；

- Ⅲ类包装组——分配给危险较小的物质。

每个“包装组”均要求容器或包装在前述测试中达到并保持某些性能标准。这些测试没有评估容器和包装系统的火灾性能，因此无法全面评估与仓储相关的所有危害。

如第 2.4 节所述，评估仓储货物火灾危害有四种基本方法，包括：小型火灾测试、基于物理特性的主观评估、中大型火灾测试、基于量热法的火灾测试。

对于某些货物，其火灾危害的最准确评估可通过中型或大型火灾测试获得，而部分货物则需借助基于量热法的火灾测试进行评估。

2.6 货物的相容性与分离

化学品通常储存在与其物理和化学性质相容的容器中。然而，一旦禁忌化学品意外泄漏并相互接触，就可能引发危险状况。此外，泄漏的化学品可能与容器、包装材料、空气、灭火用水、其他灭火剂、泄漏清理材料及建筑构件之间形成禁忌组合。这种意外接触可能源于物料处理不当、容器不合格，或是火灾、地震等突发事件。当化学品彼此接触后若产生危险的化学反应，则被视为禁忌。这些反应可能涵盖放热反应，伴随着有毒或易燃物质的释放。放热化学反应因其释放热量的速率过快，足以引发火灾甚至爆炸。此外，禁忌物料间的反应并不总是即时发生，有些组合在接触后会生成对热、冲击或摩擦较为敏感的产物，这些产物有可能在清理现场等后续处理环节中发生反应。

表 2-9 列出了若干化学性质不相容的二元化学组合，以及它们相互接触后引发的后果。更多信息可参考化学品安全技术说明书(MSDS)、生产商或供应商提供的资料、《布雷瑟里克反应性化学品危害手册》、NFPA 49、NFPA 491M 以及美国海岸警卫队《化学品危害响应信息系统(CHRIS)手册》。尽管上述文献提供了详尽的信息，但尚未发布的反应数据并不意味着不存在潜在危害。

表 2-9 禁忌二元化学组合示例

A-B 组合		产生的结果
A	B	
盐酸	次氯酸钙	释放氯气(有毒)
伯胺	次氯酸钙	生成氯胺(爆炸性)
有机液体	次氯酸钙	剧烈反应
氰化钠	硫酸	释放氰化氢气体(毒性极大)
丙烯腈	硫酸	剧烈的放热反应
乙酰氯	水	剧烈反应
醋酐	水	剧烈反应
磷化铝	水	释放磷化氢气体(可自燃且有毒)

来源：NFPA 491M 和 NFPA 49。

禁忌化学品应通过隔离储存、隔开储存或分离储存的区域进行分开管理。"隔离储存"是通过空间分离禁忌物料，并采用惰性或相互兼容的材料进行隔离、设置视线屏障，或将禁忌材料储存在耐火柜中。这种方法适用于轻度不相容的禁忌物料，例如：普通可燃物和能加速燃烧的氧化剂。此外，还可以使用围堤、坡道或低位限制液体在地面上的流动或流向相邻建筑区域。

"隔开储存"通过将建筑物划分为独立防火隔间来实现。这种方法适用于燃烧速度和反应性极高的有机过氧化物。隔间墙壁除了需要具备耐火性能，可能还需要具备抗爆性能。

"分离储存"则是将材料储存在单独的建筑物中。这种储存方式通常适用于火灾风险、反应性或健康风险极高的物质。例如，磷化铝与水反应生成有毒且自燃的磷化氢气体，将该物质储存在无喷淋系统的独立建筑物中，可以降低对设施、员工以及周边社区的潜在风险。

图 2-1 展示了包含隔离储存、隔开储存和分离储存的仓库布局示例。

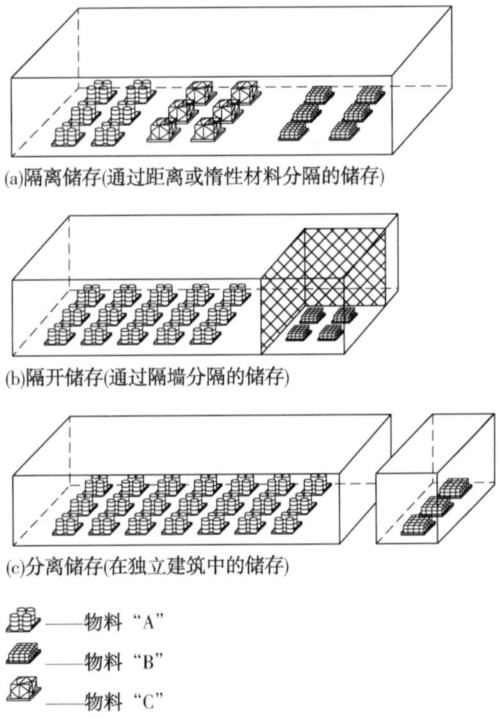

图 2-1 包含隔离储存、隔开储存和分离储存的仓库布局示例

注：物料 A、B 为彼此不相容的禁忌物料；物料 C 为惰性材料。

参 考 文 献

American Conference of Governmental Industrial Hygienists, "Threshold Limit Values for Chemical Substances and Physical Agents and Biological Exposure Indices," Cincinnati, OH, 1996-1997.

Bretherick, L., *Handbook of Reactive Chemical Hazards*, Fifth Edition, Butterworths, London, 1995.

Farm Chemicals Handbook, Volume 82. Meister Publishing Company, Willoughby, Ohio, 1996.

Lewis, R. J., *Condensed Chemical Dicfionary*, 13th ed. Van Nostrand Reinhold, New York, 1997.

Lewis, R. J., *Hazardous Chemical Desk Reference*, 3rd ed. Van Nostrand Reinhold, New York, 1993.

National Fire Protection Association. "Flammable and Combustible Liquids Code." NFPA 30, Quincy, MA, 1996.

National Fire Protection Association. "Code for the Manufacture and Storage of Aerosol Products." NFPA 30B, Quincy, MA, 1994.

National Fire Protection Association. "Code for the Storage of Organic Peroxide Formulations." NFPA 43B, Quincy, MA, 1993.

National Fire Protection Association. "Code for the Storage of Pesticides." NFPA 43D, Quincy, MA, 1994.

National Fire Protection Association. "Hazardous Chemicals Data." NFPA 49M, Quincy, MA, 1994.

National Fire Protection Association. "Standard for General Storage." NFPA 231, Quincy, MA, 1995.

National Fire Protection Association. "Standard for Rack Storage of Materials." NFPA 231C, Quincy, MA, 1995.

National Fire Protection Association. "Guide to Fire Hazard Properties of Flammable Liquids, Gases, and Volatile Solids." NFPA 325, Quincy, MA, 1994.

National Fire Protection Association. "Code for the Storage of Liquid and Solid Oxidizers." NFPA 430, Quincy, MA, 1995.

National Fire Protection Association. "Code for the Storage of Ammonium Nitrate." NFPA 490, Quincy, MA, 1993.

National Fire Protection Association. "Manual of Hazardous Chemical Reactions." NFPA 491M, Quincy, MA, 1991.

National Fire Protection Association. "Standard System for the Identification of the Hazards of Materials for Emergency Response." NFPA 704, Quincy, MA, 1996.

National Institute for Occupational Safety and Health/Occupational Safety and Health Administration (NIOSH/OSHA), "Occupational Health Guidelines for Chemical Hazards." NIOSH/OSHA, Cincinnati, OH, 1988.

NIOSH. "Pocket Guide to Chemical Hazards." NIOSH, Cincinnati, OH, 1990.

National Paint and Coatings Association. "Hazardous Materials Identification System Revised—Rating Procedure." Washington, DC, January 1985.

Newman, J. S. "Determination of Theoretical and Chemical Heats of Combustion of Chemical Substances." FMRC J. I. 0X2R8. RC, Factory Mutual Research, Norwood, MA, January, 1994.

Sax, N. Irving. *Dangerous Properties of Industrid Materials*. Van Nostrand Reinhold, New York, 1994.

29 Code of Federal Regulations, 1910. 1000, Toxic and Hazardous Substances.

29 Code of Federal Regulations. 1910. 1045, Acrylonitrile.

40 Code of Federal Regulations, Part 152, Pesticide Products.

40 Code of Federal Regulations, Part 261, Hazardous Wastes.

49 Code of Federal Regulations, Parts 100-179, Hazardous Materials.

United Nations, *Recommendations on the Transport of Dangemus Goods*, 7th ed. New York, 1991.

U. S. Department of Transportation, "Emergency Response Guidebook." Research and Special Programs Administration, Washington, DC, 1993.

U. S. Department of Transportation, United State Coast Guard, Chemical Hazards Response Information System (CHRIS). *Condensed Guide to Chemical Hazards*, Vol. Ⅰ. Washington, DC, 1992.

U. S. Department of Transportation, United State Coast Guard, Chemical Hazards Response Information System (CHRIS). *Hazardous Chemical Data Manual*, Vol. Ⅱ. Washington, DC, 1992.

Windzholz, M. (Ed.). *The Merck Index*, 11th edition, Merckand Co., Inc., Rahway, NJ, 1989.

补 充 阅 读

Association of American Railroads Bureau of Explosives. *Emergency Handling of Hazardous Materials in Surfoce Transportation*. Washington, DC, 1992.

Bradford, W. J., "Chemicals." Section 5/Chapter 6, NFPA Handbook, National Fire Protection Association. Quincy, MA, July, 1991.

Bradford, W. J., "Storage and Handling of Chemicals." Section 2/Chapter 27, NFPA Fire Protection Handbook, National Fire Protection Association. Seventeenth Edition, Quincy, MA, July, 1991.

Factory Mutual Engineering Corporation, "Advances in Commodity Classification." Record, Norwood, MA, May/June 1989.

Factory Mutual Engineering Corporation, "Commodities and Storage Arrangements." Record, Norwood, MA, Mar/Apr. 1990.

Factory Mutual Engineering Corporation, "Commodity Classification." Loss Prevention Data 8-0S. Norwood, MA, March, 1991.

Factory Mutual Engineering Corporation, "Flammable Liquids in Drums and Smaller Containers." Loss Prevention Data 7-29, Norwood, MA, September, 1989.

Factory Mutual Engineering Corporation, "Storage of Class 1, 2, 3, 4 and Plastic Commodities." Loss Prevention Data 8-9, Norwood, MA, September, 1993.

Factory Mutual Engineering Corporation, "Storage of Aerosol Products." Loss Prevention Data 7-29S, Norwood, MA, May, 1983.

Fluer, L., *Hazardous Materials Classification Guide*. International Fire Code Institute, Whittier, CA, 1993.

Industrial Risk Insurers, "Commodity Classification Guide." IM. 10. 0. 1, Hartford, CT, June 1, 1992.

Industrial Risk Insurers, "Flammable and Combustible Liquids Storage Facilities." IM. 10. 2. 4, Hartford, CT, December 1, 1992.

McCloskey, C. M., "Safe Handling of Organic Peroxides: An Overview." *Plant/Operations Progress*, 8(4), 1989.

Nugent, D. P., *Directory of Fire Tests Involving Storage of Flammable and Combustible Liquids in Small Containers*. Society of Fire Protection Engineers, Boston, MA, February, 1994.

Nugent, D. P., "Fire Tests Involving Storage of Flammable and Combustible Liquids in Small Containers." *Journal of Fire Protection Engineering*, 6(1): 1-9, 1994.

Nugent, D. P., "Full Scale Sprinklered Fire Tests Involving Storage of Flammable and Combustible Liquids in Small Containers." Proceedings: International Conference on Fire Research and Engineering, Orlando, FL, September, 1995.

Scheffey, Joseph L. and Tabar, David C., "Hazard Rating System for Flammable and Combustible Liquids." *Process Safety Progress*, 15(4): 230-236, 1996.

3 管理控制

3.1 概述

化学品仓储安全始于管理层对员工、社区和其他利益相关方的明确承诺，同时还要采取措施防范化学品储运过程中造成的危害。本章概述了管理层为履行这一责任应采取的具体行动。

3.2 安全与风险管理政策

操作规程、安全规定、员工培训、应急准备以及其他管理措施应基于这样一种管理理念，即将安全与风险管理作为首要的管理责任和关注点。从这一理念出发的政策应包括以下内容：

- 将员工和社区安全、环境保护以及财产保全作为核心管理价值；
- 要求每位员工严格遵守安全规定，并向管理层报告不安全状况；
- 管理层承诺遵守所有适用的安全、健康和环境保护法规。

需要注意的是，本书中的“安全”一词是指仓库整体的安全运营，包括对人员、环境、财产以及商业机会的保护。

有关员工安全和健康政策的问题将在第 4 章中详细说明。

3.3 危害与风险管理

首先，识别出可能威胁员工或公众安全、环境或财产的危害。本书的后续章节将讨论化学品仓储可能带来的主要危害类型，以及应该如何评估这些危害。

其次，在识别现有或潜在危害之后进行风险评估，即对这些危害进行评估和解读。文献中提到了几种常用的危害识别和风险评估方法，包括美国化学工程师协会/化工过程安全中心（AIChE/CCPS）发布的《危害评估程序指南》。应急规划的内容将在第 9 章中详细介绍。

3.4 点火源控制

有效控制点火源是降低化学品仓库火灾和爆炸风险的一项核心策略。化学品仓库中可能导致火灾的点火源种类繁多；有关点火源的示例、预防措施及相关参考资料见表3.1。在化学品仓储过程中，有时还会进行灌装、分装和重新包装等操作，这些操作可能因累积静电而产生潜在的点火风险，但该类问题不在本书讨论范围内。

3.5 监管合规

危化品处理企业经营中面临错综复杂的监管环境。这些企业必须遵循来自政府机构、标准化组织及保险公司的诸多法规、标准、规章制度及操作程序。这些要求有时可能令人困惑，存在冗余，甚至彼此冲突，给企业带来了不小的挑战。然而，仅仅达到监管要求并不能充分保障仓库作业的安全性。鉴于每家企业都有其独特的运营模式和隐患特性，管理层不应仅满足于法规的纸面要求，还应深入洞察实际运营需求，根据涉及的风险性质制定有效的安全政策。

当管理层展现出明确的决心，致力于深入理解业务相关的风险，有效制定和实施全面的安全计划，并为计划的执行提供充足的资金及其他必要支持时，才能最为有效地识别并应对各类风险。

表3-1 典型点火源

类型	示例	防范措施	参考文献
明火/火花	切割和焊接 金属打磨 混凝土凿削	动火作业制度	NFPA 51B NFPA 消防手册 红外线相关信息
	吸烟	禁烟制度	
	直接燃烧加热器	隔离或使用其他类型的加热器	
电气	电气设备(包括工业卡车)产生的电弧和火花	安装适当的电气设备和使用符合规范的工业卡车	NFPA 70 NFPA 505
	雷电	安装防雷系统	NFPA 780
热表面	热敏材料暴露于炽热的管道、管线、辐射加热器或工业卡车	提供适当的空间隔离并使用符合规范的工业卡车	化学品安全技术说明书(MSDS) NFPA 505
	滑动输送带与滚轮摩擦	检查维护	制造商建议
化学分解	需冷藏的有机过氧化物制剂加热	提供恰当的温度控制	化学品安全技术说明书(MSDS)
自燃	浸有不饱和油(如亚麻籽油)的抹布	采用良好的清洁管理	化学品安全技术说明书(MSDS)

3.6 风险管理组织架构

有效的风险管理几乎涉及仓储机构的所有职能，包括人员管理、物料搬运、设备维护、市场营销、财务等。由于许多问题跨越多个职能领域，因此应组建一个涵盖所有职能的安全与风险管理团队。鉴于非管理岗位员工(如操作员、机械师等)对问题和实际解决方案有直接的了解，他们也应被纳入这一流程中。

3.7 员工招聘、培训及操作

大多数的安全政策需要在操作层面来落实。有效的员工筛选、培训及监管能够增强员工的安全意识，降低事故发生率。另见第4章“员工安全与健康”。

3.7.1 员工招聘

在招聘化学品仓库运营(如收发货、存取、物料搬运等)人员时，可遵循以下安全相关标准：

- 有一定文化程度，能够阅读和理解操作说明和化学品安全技术说明书(MSDS)；
- 有足够的体力；
- 有仓储/工业车辆操作经验；
- 有化学品处理经验；
- 有电脑使用经验，能够用电脑处理库存追踪系统。

仓库的安全及人事政策应明确指出，只有维护一个严禁毒品与酒精的工作环境，才能保障仓库员工的安全。

3.7.2 培训

与普通仓储作业相似，员工需接受叉车作业、吊装作业及其他非化学品仓库作业特定程序的培训。而在化学品仓库环境中，这些常规培训内容需根据化学品仓库的特定风险进行相应调整和优化。关于危害沟通、个体防护装备使用及应急程序的培训，请参见第4章。

3.7.3 操作

应对操作进行分析，识别出潜在的事故情景，同时采取措施降低风险。这些措施包括但不限于：

- 消除或控制仓库区域内的灌装、分配和取样操作，特别是易燃或有毒物料的处理。
- 制定制度，要求员工在处理高风险物料时，特别是在可能危及员工生命健康或影响周边社区安全的情况下，必须两人一组协同作业。
- 确保同组两名处理高风险物料的员工保持足够的物理距离，以防单一事件发生时两人同时暴露于风险之中。
- 实施任务及岗位轮换制度。在某些情况下，长时间重复性工作可能导致员工注意力减退，引发事故，同时也可能引发腕管综合征等累积性伤害。

- 定期对建筑及设备进行维护，特别是安全设备。设备得到妥善维护后，操作时不仅更加安全，而且效率更高。

3.8 清洁维护

虽然良好的清洁维护工作看似简单，但它在控制事故风险方面发挥着重要作用。保持整洁的工作环境有助于降低意外溢漏、泄漏或火灾的可能性及其严重程度。同时，良好的清洁习惯还能提升员工的工作效率和安全。

3.9 库存管理

在化学品仓储领域，对库存实施严格的把控至关重要，这直接关系到我们能否严格遵守各项储存限制，如禁忌物料分离、储存高度及数量限制等。如果发生火灾，实时更新的库存信息至关重要。

自动化库存识别与管理系统的开发为库存控制带来了极大便利。这种系统在提升化学品仓库管理水平方面表现突出，不仅优化了生产效率、质量控制、库存管理和仓库空间利用，还改进了取货流程及安全性能。从安全的角度看，自动化识别系统主要通过优化物料搬运流程，降低禁忌物料混放风险，以及避免储存高度和数量超标等手段来提高管理效能。然而，需要注意的是，这些系统并非完美无缺，仍需结合常识进行合理操作。

建立自动化库存管理系统的核心在于构建一个涵盖以下信息的数据库：

- 货物类别及危害分类；
- 支持“存放与提取”操作的仓库位置信息；
- 化学品安全技术说明书(MSDS)；
- 库存核算信息。

若在现场生成并启用条形码标签，系统将为各纸箱、托盘或包装系统赋予唯一库存编号。系统设计应确保条形码标签符合储存规范，以便后续依据库存编号精准指定仓库储存位置信息。

系统可以对每个仓储单元的库存量参数进行编程，确保在货物到达时高效管理。在物料入库时，应综合考虑设施的总容量限制以及具体物料或物料类别的储存上限。数据库会结合物料的属性及危险性，自动合理分配储存位置。储存物料需经过评估，确保符合仓库设计规范及承载能力。例如，系统可以将某些物品分配到具备特殊消防保护装置的仓储区域。此外，系统还能处理禁忌内容、储存高度和数量限值等参数。入库物料需根据仓库设计规范进行评估，确保其符合设施规格或限制要求。

货物在仓库内移动时，各分拣站的终端设备会将接收货物时录入的信息传递至系统。现有库存与数据库的实时对接不仅有助于保持操作效率，还能确保质量控制。

从货架提取物品时，扫描条形码，取货信息上传至数据库，系统会同步自动调整库存核算及仓库空间分配，并生成化学品安全技术说明书、客户发票及装货单。

在发生火灾的情况下，库存管理系统能够快速向应急响应人员提供化学品储量信息。因此，应确保场外人员能及时获取库存数据，以便支持应急措施的顺利实施。

3.10 变更管理

变更普遍存在，它是我们生活的一部分。然而，在化学品仓库中，变更可能带来潜在风险，因此必须进行评估。变更过程可能因缓慢渐进而容易被忽视；也可能是有计划和安排的变更；或者突如其来且要求颇高。变更可能源自仓库外部，影响仓库所在的整个社区，也可能仅限于仓库内部，甚至只涉及单个员工、产品或设备。变更管理包括从识别变更(最好在变更发生之前)到评估其对安全的影响，以及酌情采取行动控制影响的全过程。

各个层级之间，包括管理层与员工之间进行有效沟通，有助于增强对变更的意识。此外，可能还需要与当地消防部门、保险公司、运输公司、供应商、客户或社区进行沟通。

通过持续关注损失预防工作，管理层能够准确评估变更所带来的真实风险，并制定相应的应对策略。风控专家可协助管理层确定潜在损失并提出解决方案。

记录化学品仓库安全运行的程序和参数是管理变更的重要工具。即使是仓库温度等维护程序的微小变更，也可能带来严重后果。

还需注意人员变更对运营的潜在影响。例如，因假期、劳资纠纷或疾病等造成的临时缺勤，可能导致人手不足或引入未经培训的临时工。在此情况下，可能需要增加监督力度或设立针对临时调岗员工的培训要求。管理层应将程序和培训整理归档，确保员工离职后不会在系统知识或岗位职责上留下空白。

仓库占用情况的变更，如：化学品种类及相关危害的变更、重新包装和转运操作、产品包装或储存方式的改变等，都可能带来新的风险。

此类占用变更可能需要采取以下措施：

- 升级仓库的自动喷水灭火系统；
- 在储存有毒压缩气体或液化气体时，安装处理系统或气瓶安全壳；
- 重新安排储存布局；
- 隔离禁忌化学品；
- 增加员工培训；
- 通知消防部门；
- 通知附近设施所属部门；
- 更新库存数据库；
- 增加化学品安全技术说明书(MSDS)；
- 修改应急方案(见第9章)；
- 扩建或改造设施。

在设计消防系统时，管理层不仅需要考虑企业当前的运营，还应兼顾设施规划和未来的运营需求。如果预计会发生占用或储存方式的变更，在初始设计阶段提前考虑这些变更，通常比事后改造成本更低。

参 考 文 献

Center for Chemical Process Safety. *Guidelines for Hazard Evaluation Procedures.* New York, 1992.

Industrial Risk Insurers, *IRInformation—Guidelines for Loss Prevention and Control*. Hartford, CT.

National Fire Protection Association, "Standard for Fire Prevention in Use of Cutting and Welding Processes." NFPA 51B, Quincy, MA, 1994.

National Fire Protection Association, "National Electric Code," NFPA 70, Quincy, MA, 1996.

National Fire Protection Association, "Fire Safety Standard for Powered Industrial Trucks Including Type Designations, Areas of Use, Conversion, Maintenance, and Operation," NFPA 505, Quincy, MA, 1996.

National Fire Protection Association, "Standard for the Installation of Lightning Protection Systems," NFPA 780, Quincy, MA, 1995.

National Fire Protection Association, *Fire Protection Handbook*, 18th ed. Quincy, MA, 1997.

补 充 阅 读

Mansdorf, S. Z., *Complete Manual of Industrial Safety*. Prentice-Hall, Englewood Cliffs, NJ, 1993.

National Safety Council, *Accident Prevention Manual for Industrial Operations Administration and Programs*, 10th ed. Itasca, IL, 1992.

4 员工安全与健康

4.1 概述

员工的安全与健康是化学品仓库运营中最重要的考虑因素之一。化学品仓库不仅涉及一般非化学品仓库的常见问题，如人工材料搬运/人体工学、地面行走条件以及工业叉车操作，而且还因为许多化学品的固有危害，需要在员工安全与健康计划中特别强调以下内容：管理控制和工程控制、危害沟通、个体防护装备以及意外溢漏响应。

4.2 政策

政策应以书面形式制定，规范管理化学品仓库员工的安全健康，内容应包括：

- 管理层对员工安全与健康承诺的声明；
- 公司对安全的定义；
- 政策目标和范围；
- 安全计划中各要素责任人及其具体职责的确认。

当需要使用个体防护装备时，政策应说明使用的原因、场景以及任何例外情况和限制。

4.3 管理控制与工程控制

为确保安全，必须实施有效的操作控制，即依据既定程序和设计开展活动。确保程序和设计的正确执行是管理层的基本职责所在。大多数事故归咎于操作控制不当或不足，反映出管理层效能的不足。因此，需提前预见主要控制措施可能偶尔失效的情况，并通过程序或设计提供次要控制措施，例如，个体防护装备以及事故溢漏应急设备和程序。

4.3.1 管理控制

管理控制涵盖一系列的政策和程序，针对影响事故和伤害发生频率的人为因素制定。例如，监督、人员选拔、培训、排班等都属于管理控制的重要组成部分。

主管应以身作则，在执行安全政策、赢得并保持员工长期遵守安全政策的认同与投入方面发挥重要作用。虽然高层管理者对整体安全负最终责任，但基层主管直接对下属的安全负责。他们既是将管理层政策落实到日常工作的桥梁，又是将一线员工想法反馈至管理层以改进安全计划的纽带。

要组建一支合格、训练有素的员工队伍，首先要在招聘过程中严格筛选。通过新员工体检、药物滥用筛查及技能测试，有助于识别那些具备特定工作所需能力、读写技能以及身心能力的人员，并确保他们了解相关岗位的潜在风险。

培训是管理控制的核心环节。由于化学品的危害及其相关法规要求，化学品仓库的培训需求较一般仓库更为严格。培训计划应涵盖化学品的性质、危害及相关预防措施。新员工应在入职后尽早接受培训，在安全培训完成前应始终在直接监督下开展工作。此外，还应妥善保存培训记录。

事故报告应按照法规及保险提供商的要求进行记录与分析，同时用于识别培训或程序缺陷，以便改进。

主管在员工安全与健康管理中发挥着核心作用。他们应接受专门培训，熟知化学品仓库的安全操作原则，并负责监督其辖区内影响员工安全健康的人为、环境及情境因素。

4.3.2 工程控制

工程控制应在仓库设计和布局阶段优先实施，并在设备选型前完成。与其他类型的仓库一样，化学品仓库的工程控制应涵盖照明、物料搬运、辅助设备以及仓库布局设计(如通道宽度及交通模式)。此外，化学品仓库还可考虑以下额外的工程控制措施：

- 采用条形码等自动化系统，为入库产品编码，记录其成分、禁忌、储存位置及数量等信息(详见第 3.9 节，了解如何利用自动化产品识别系统提升安全性)。
- 针对嗅觉警示效果差、可能导致嗅觉失敏的物料，或为了提醒工作人员物料已接近阈值或容许接触限值，安装检测报警系统。
- 设计应急通风系统，捕捉有毒、腐蚀性或异味气体及蒸气的无组织排放。

此外，一些主要用于建筑、产品或环保的系统也可以间接提升员工的安全性，例如，自动喷水灭火系统、安保系统、灭火器、二次围堰系统、加热与制冷系统。

4.4 危害沟通

危害沟通计划(通常称为 HazCom 计划)有助于创造更安全的工作环境，而且必须依法制订实施。这些计划向雇主和员工传达有关仓库中储存化学品的所有危害信息。《美国联邦法典》“危害沟通标准”(29 CFR 1910.1200)要求雇主制订并实施书面的危害沟通计划。

化学品制造商和进口商有责任通过化学品安全技术说明书和标签等形式报告其生产的化学品存在的已知危害，包括健康危害、与物理特性相关的危害以及反应性危害，并且必须确保化学品仓库的员工能够获取到这些信息。

4.4.1 标签

标签由制造商或进口商提供，一般情况下，并不要求化学品仓库提供贴标签操作。尽管标签上的信息对于保障仓库操作安全至关重要，但仅凭标签可能无法提供全面的危害信息。因此不能作为唯一的危害信息来源。

化学品仓库运营人员应确保进货容器上的标签完好无损，不得擅自撕除或损坏，并且标签应面向通道方向。同时，运营人员还应制定必要的重新贴标签程序。每个标签都应包含化学品的名称、适当的危害警告以及制造商的地址和联系电话。

美国国家标准协会(ANSI)制定了关于化学品标签的非强制标准——ANSI Z129.1—1994《危险工业化学品预防性标签》。该标准提供了便于识别的符号，用于标示毒物、腐蚀性物质、易燃物和爆炸物，同时也涵盖了刺激性物质、可燃液体、自燃化学品、氧化剂、致敏剂、生理惰性蒸气或气体等其他有害物质的标识。

4.4.2 化学品安全技术说明书

化学品安全技术说明书应由制造商或进口商首次发货时提供，并在化学品安全技术说明书更新时重新提供。与标签类似，化学品仓库工作人员无须编写化学品安全技术说明书，但必须接受培训以理解其内容。

所有雇主(包括化学品仓库运营人员)必须为工作场所的每种危险化学品保留一份准确且最新的化学品安全技术说明书。尽管表的格式可能有所不同，但通常都应包含以下信息：

- 名称(与容器标签及危化品清单一致)；
- 具体化学名称及常用名称；
- 物理和化学特性；
- 物理危害及灭火方法；
- 可能与该化学品反应的其他物质；
- 可能引发火灾或爆炸的环境条件；
- 已知的急性和慢性健康影响及相关健康信息；
- 主要进入人体的途径；
- 暴露限值；
- 美国国家毒理学计划(NTP)、国际癌症研究机构(IARC)或美国职业安全与健康管理局(OSHA)认定为致癌物；
- 溢漏和泄漏处理程序；
- 预防措施；
- 应急及急救程序；
- 编制或最后修改日期；
- 化学品安全技术说明书编制机构的名称。

根据危害沟通计划要求，化学品仓库运营人员负责向员工提供易于获取的化学品安全技术说明书，并向员工提供化学品安全技术说明书阅读和理解的培训。

4.4.3 员工信息与培训

危化品信息与培训计划是危害沟通的重要组成部分。此类培训应从新员工入职第一天就开始进行。如果仓库中出现了新的危害，应向员工提供额外的信息和培训。应告知员工是否存在化学品安全技术说明书，以及化学品安全技术说明书的存放位置。员工培训应包括对仓库中危化品的讨论，还应涵盖其物理危害和健康危害，以及可以采取的防护措施。此外，培训还应介绍容器标签系统和化学品安全技术说明书的正确使用方法。

主管有责任确保员工理解储存搬运物料的相关危害。主管的安全培训可以通过内部培训或由美国国家安全委员会(NSC)、美国保险协会(IIA)或独立培训机构提供。

员工还需定期接受复训。应通过观察员工活动和定期提问来评估员工对危化品的掌握情况。

4.5 个体防护装备(PPE)

在化学品仓库的日常操作中，由于处理的都是密封容器内的化学品，通常员工不会直接暴露于化学品对健康的危害之中。然而，面对意外的化学品泄漏，我们必须采取额外的预防措施。正确选择并穿戴个体防护装备能够在泄漏事故中有效保护员工。化学品暴露的后果多种多样，从急性的皮肤刺激、烧伤等创伤，到慢性的退行性疾病均有可能。

合适的个体防护装备，如安全帽和手套等，个体防护装备能有效抵御坠落物或锐器等机械伤害。

4.5.1 实施个体防护装备计划

选择个体防护装备时，首先分析每项工作的潜在危害，然后选择合适的个体防护装备。

- 制定详尽的书面政策并将其传达至员工。此外，公司安全政策应纳入个体防护装备计划，请参见第4.2节。
- 根据危害评估结果和个体防护装备的适用性选择合适的个体防护装备。
- 实施有效的个体防护装备使用维护培训计划。
- 严格执行个体防护装备政策。

4.5.2 选择个体防护装备

选择个体防护装备时，首先分析每项工作的潜在危害，然后选择合适的个体防护装备。

以下是选择化学防护服、鞋类及头部、眼睛、面部、手部和呼吸防护用品的一些标准：

4.5.3 化学防护服

化学品仓库的工人在面对泄漏事故时，通常会穿戴化学防护服来保护自己。这种防护服旨在阻隔气体、液体以及颗粒状化学品对皮肤和眼睛的伤害。尽管某些化学防护服对气体或蒸气具有一定的防护能力，但它们不能提供呼吸保护。化学防护服通常由手套、鞋类、围裙以及全身防护服等套件组成，制造材料包括各种天然橡胶或合成橡胶、塑料化合物，或是涂覆有这些材料的其他织物。部分化学防护服设计为可重复使用，而有些则设计为一次性使用，接触化学品后需进行妥善处置。

为确保员工安全，制造商或进口商应提供具体产品或材料组件的耐化学性信息。表4-1"化学防护服——耐化学性表"列出了化学防护服对第2章提到的一些代表性化学品的耐化学性等级。

在长时间暴露的情况下，任何防护屏障都可能被化学品穿透。根据美国材料与试验协会(ASTM)F739—96 和 F903—96 标准，可以通过测定材料的突破时间和渗透速率来评估其对化学品的防护性能。此外，另一个重要标准是降解速率，它用于衡量材料与化学品接触时的变化程度，可能包括材料的膨胀等。作为长期性能特征之一，降解也可能因撕裂、磨损或其他机械损伤而发生。对于可重复使用的防护服，应确保其符合《危险化学事故用蒸气防护套装标准》(NFPA 1991)和《危险化学品液体飞溅防护服标准》(NFPA 1992)，并定期进行测试与重新认证。

在选择化学防护服时，应综合考虑以下因素：即将执行的任务类型、预期的接触时间、材料的突破时间、渗透速率以及所处理化学品的降解速率。

在选择防护服时，还应考虑以下几点：

- 化学品的渗透往往不易察觉。
- 某种化学品的防护材料可能并不适用于另一种化学品。
- 并不存在一种能够防护所有化学品的万能材料。

表 4-1　化学防护服——耐化学性表

化学品名称	LDPE	HDPE	PP/PA	PMP	PC	PVC	PSF	TFE/FEP
氨	EE	EE	EE	EE	NN	EG	GF	EE
氯	GN	EF	FN	GN	EG	EE	NN	EE
丙烷	NN	FN	NN	NN	FN	EG	FF	EE
丙酮	GG	EE	EE	EE	NN	NN	NN	EE
丙烯腈	EE	EE	FN	FN	NN	NN	NN	EE
松香水	GN	EE	EE	EG	EG	EG	EE	EE
次氯酸钙	EE	EE	EE	EG	FN	GF	EE	EE

材料说明	等级说明
LDPE：低密度聚乙烯	E：优
HDPE：高密度聚乙烯	G：良
PP/PA：聚丙烯/聚合物	F：差
PMP：聚甲基戊烯	N：不推荐
PC：聚碳酸酯	第一个字母适用于 68℉(20℃)下的条件 第二个字母适用于 122℉(50℃)下的条件
PVC：聚氯乙烯	
PSF：聚砜	
TFE/FEP：聚四氟乙烯/氟化乙烯丙烯(特氟龙)	

来源：制造商测试数据。请注意，本指南仅提供一般信息。由于每对评级适用于理想条件，在评估耐化学性时，请考虑所有相关因素。

防护服虽然外观可能相似，但其防护性能各不相同。在选择防护服时，不能仅仅依据颜色或外观来做决定。

化学品的渗透一旦开始就不会停止，直到穿透面料或经过适当的去污处理为止。

如果怀疑防护服被污染，必须按照材料制造商的程序进行去污，或根据美国环境保护署关于危险废物处理的要求处置。

4.5.4 足部保护

与储存非化学品的仓库相似，化学品仓库的工作人员应穿上安全鞋或安全靴，在受到冲击和压迫时提供保护。清理溢漏物时，适合化学环境的安全靴通常由橡胶和塑料制成。更多信息可参考美国国家标准协会(ANSI)Z41—1991《个人防护——防护鞋类》(译者注：该标准已被 ASTM F2412 和 ASTM F2413 取代)。

4.5.5 头部保护

安全帽的使用应与非化学品仓库的使用要求相一致。在需要使用安全帽的情况下，ANSI Z89. 1—1986《个人防护——防护头盔》将安全帽定义为三类：A 类安全帽：设计用于保护头部免受坠落物和接触低压导体时防止触电。B 类安全帽：设计用于高电压环境下的保护。C 类安全帽：设计用于防止落物撞击。

4.5.6 眼部和面部保护

眼部和面部防护装备种类繁多，适用于不同的场景和需求。对于大多数化学品储存设施而言，在化学品包装保持密封的情况下，是否需要眼部防护主要取决于是否存在物理危害。许多仓库运营人员要求在仓库和维护区域佩戴安全眼镜。佩戴处方眼镜的人员应佩戴配有处方镜片的防护眼镜，或者在处方眼镜外佩戴防护装置。

4.5.7 手部保护

在仓库的日常活动中，应选用适合人工搬运时能提供手部防护的手套。清理溢漏的化学品时，必须有专门的化学品防护手套。应根据手套的性能特性针对特定的危害，例如，割伤、擦伤、烧伤和皮肤与化学品接触等来选用手套。常用的手套材料包括氯丁橡胶、丁基橡胶、聚氯乙烯和丁腈橡胶等。制造商可提供文件，说明手套与某些化学品或化学品类别的禁忌信息，以及手套材料的渗透率和突破时间等信息。

4.5.8 呼吸防护

化学品泄漏会产生颗粒物(如灰尘)、蒸气、气体和烟雾等，进而污染工作环境，并可能带来呼吸危害。呼吸器从未作为员工的主要防护措施。在化学品仓库的日常操作中，如果没有包装或加工活动，通常不需要使用呼吸器。然而，在进行化学品泄漏清理，或当仓库内部某些区域的化学品暴露水平超过阈值(TLV)或容许接触限值(PEL)，甚至接近立即威胁生命和健康浓度(IDLH)时，应使用呼吸器保护员工免受泄漏化学品的伤害。与其他个体防护装备一样，应根据呼吸器对特定设施中所处理化学品泄漏危害的防护能力来进行选择。通常，化学品仓库中的呼吸器应适用于短期暴露场景，如逃生或溢漏清理，而非在常规工作中长期暴露。若仓库需要使用呼吸器，仓库运营人员必须制订针对特定场所的呼吸防护计划，并对所有使用者进行培训。

根据《美国联邦法典》第 29 编第 1910 章第 134 节“呼吸保护”的要求，当工程控制措施不可行，或工程控制措施处于施工阶段无法投入使用时，必须按照以下要求使用适当的呼吸防护装备：

(1) 雇主必须为员工提供必要的呼吸防护装备，以保护员工的健康。

(2) 雇主必须提供适用于特定用途的呼吸防护装备。

(3) 雇主必须负责建立和维护呼吸保护计划。

美国职业安全与健康管理局规定的呼吸保护程序对以下内容作出规定：

- 书面操作规程。
- 根据危害选择呼吸器。
- 对使用人员给予培训和指导。
- 清洁和消毒。
- 储存和检查。
- 对工作区域条件进行监督和监测。
- 对呼吸保护计划进行评估。
- 对穿戴呼吸防护装备的员工进行医学检查与评估。
- 使用美国矿山安全与健康管理局(MSHA)或美国国家职业安全卫生研究所(NIOSH)批准的呼吸防护装备。

呼吸器类型包括：

- 自给式呼吸器(SCBA)：当有毒污染物或污染水平未知，或材料的预警特性差，或空气中达到或超过立即威胁生命和健康浓度限值时，必须使用自给式呼吸器。立即威胁生命和健康浓度的空气指的是生命或健康面临立即威胁，或者存在严重暴露或污染的大气环境。如果空气超过立即威胁生命和健康浓度水平，唯一允许的呼吸防护方式是自给式呼吸器。自给式呼吸器是供气式呼吸器的一种。
- 长管呼吸器：此类呼吸器与自给式呼吸器类似，但连接到一根可延伸至最长300ft(约91m)的软管。此类呼吸器仅在配备至少5min逃生用空气供应时，才能用于立即威胁生命和健康浓度空气环境。由于大多数长管呼吸器完全依赖非随身携带的空气供应，因此这种限制十分必要。
- 空气净化型呼吸器：此类设备通过化学或机械过滤器(单独或组合使用)来净化污染的空气。化学过滤器可有效防护浓度为10~1000ppm的气体或蒸气(具体取决于污染物的类型)。此类呼吸器不能在立即威胁生命和健康浓度空气环境或缺氧的环境中使用，也不适用于那些预警特性差的化学品。

空气净化型呼吸器的有效性取决于选用合适的过滤器、滤罐或过滤筒来应对特定的暴露类型。这些呼吸器使用活性炭或其他针对特定化学品的过滤器来去除气体和蒸气，或使用其他类型的过滤器来去除灰尘等颗粒物。还有一些型号则结合了这两种过滤方式。

滤毒盒为一次性用品，应根据制造商建议或更严格的公司规定进行定期更换。有些滤毒盒配备了外部颜色编码标记，当接近穿透极限时，会提醒用户更换滤毒盒。

可供更换的滤毒盒和过滤器种类繁多，应根据特定污染物的种类进行匹配，以确保有效保护工作人员。关于选择和识别空气净化型滤罐和滤毒盒的信息，可参考29 CFR 1910.134《呼吸保护》的相关规定。该颜色编码和标签系统有助于用户选择最适合特定污染物的滤毒盒。基本的颜色编码系统可参见表 4-2。

表 4-2 滤筒/滤罐颜色编码说明

颜色	受污染的大气
白色	仅酸性气体
白色配 1/2in(12.7mm)绿色条纹完全环绕滤罐(靠近底部)	氢氰酸气体
白色配 1/2in(12.7mm)黄色条纹完全环绕滤罐(靠近底部)	氯气
黑色	仅有机蒸气
绿色	氨气
绿色配 1/2in(12.7mm)白色条纹完全环绕滤罐(靠近底部)	酸性气体和氨气
蓝色	一氧化碳
黄色	酸性气体和有机蒸气
黄色配 1/2in(12.7mm)蓝色条纹完全环绕滤罐(靠近底部)	氢氰酸气和氯化苦蒸气
棕色	酸性气体、有机蒸气和氨气
紫色(洋红色)	放射性物质(不包括氚和惰性气体)
滤罐颜色(如上所述)带有 1/2in(12.7mm)灰色条纹，完全环绕滤罐(靠近顶部)	颗粒物(灰尘、烟雾、雾气、烟霾等)与上述任何气体或蒸气的组合
红色配 1/2in(12.7mm)灰色条纹完全环绕滤罐(靠近顶部)	所有上述大气污染物

来源：29 CFR 1910.134《呼吸保护》。

当这些过滤器组合用于防护多种污染物时，还需满足其他要求。大多数此类设备的供应商都设有技术代表，通过免费电话为用户提供选型帮助。

4.5.9 呼吸器的选择

针对化学品仓库，呼吸器的选择应以化学污染物的最大潜在浓度为基础。对于无法预测浓度的意外泄漏情况，必须使用自给式呼吸器。

4.5.10 呼吸器的使用

员工必须接受呼吸器正确使用方法的培训。仅当员工具备良好的身体条件，能够佩戴呼吸器并完成相关清洁任务，才可以安排其从事需要佩戴呼吸器的工作。应通过医学评估确认员工的身体状况。呼吸器应根据每个员工的具体情况进行贴合测试，同时需要考虑面部毛发可能带来的影响。呼吸器在每次使用后应定期清洁和消毒，并根据制造商的说明进行检查和维护。如有磨损和损坏的部件，应立即更换。

4.5.11 培训

当要求员工穿戴个体防护装备时，必须提供有效的培训计划，以确保员工能正确使用个体防护装备。员工必须理解工作场所存在的危害，并能够按照个体防护装备的设计目的正确使用。个体防护装备培训计划应包括：

- 阐述工作场所的危害状况。
- 解释针对工作场所中的危险情况可以做什么、不能做什么。
- 解释选择某种类型的个体防护装备的原因。

- 解释个体防护装备的功能和局限性。
- 演示如何正确佩戴、调整和使用个体防护装备，并进行使用练习。
- 解释公司书面政策和执行程序。
- 解释应对紧急情况的方法。
- 解释个体防护装备的维护、清洁、修理和更换方法。

员工接受了正确使用个体防护装备的培训后，就需要定期进行审核，以确保这些个体防护装备始终被正确使用。此外，个体防护装备应始终留在工作场所，绝不可带离。

建议进行年度或定期复训，以应对以下情况：

- 工作场所或流程发生变化。
- 所用个体防护装备类型发生变化。
- 员工对指定个体防护装备的使用和了解不足。

4.5.12　维护与检查

为了有效控制暴露风险，个体防护装备需要进行定期维护。正确的维护程序包括：

- 根据制造商推荐的检查和维护程序定期检查和维护所有个体防护装备。
- 记录关于所有个体防护装备的选型、检查和维护活动。
- 使用制造商提供的配件并由专业维修人员进行设备修理。
- 根据需要对个体防护装备进行清洁、消毒和/或去污。无法去污的应妥善处理，防止员工接触危害。

4.6　安全设备

在化学品泄漏事件中，可能需要使用的其他设备包括：

- 双向通信系统；
- 紧急按钮/断电器；
- 洗眼站/冲洗池/紧急淋浴设备；
- 疏散警报；
- 急救包；
- 溢漏处理车；
- 建筑物出口路线图；
- 应急照明；
- 空气采样设备。

洗眼站应设置在方便使用的明显位置。

手部和面部冲洗池可以最大限度地减少化学品转移到其他身体部位，从而降低中毒风险。

紧急淋浴设备应设置在潜在暴露区域的出口附近，应提供至少 30gal/min (1gal = 3.785L)的流量。

发生溢漏后可采用空气采样设备测定毒性水平。当空气采样设备显示环境处于“立即威胁生命和健康浓度(IDLH)”时，入口应仅允许佩戴自给式呼吸器的人员进入。

4.7 应急响应培训

对泄漏、火灾或医疗紧急情况的应急响应可能会使员工暴露于安全和健康风险之中。为了确保员工安全且措施有效，负责应急响应的员工应定期接受适当的培训。

4.7.1 应急溢漏响应

为建立对有害物质溢漏或泄漏事件的快速响应机制，设施管理层可设立应急溢漏响应小组，负责应对并减缓化学品泄漏事故所造成的影响。这项任务可由外部承包商提供服务，或者由专门培训的员工来执行。无论选择何种策略，设施管理层需要遵守美国职业安全与健康管理局(OSHA)和美国环境保护署(EPA)关于执行有害物质泄漏响应人员的相关规定。

美国职业安全健康管理局(OSHA)和美国环境保护署(EPA)的规定对应急响应活动有以下具体要求：

(1) 制定安全健康方案，用于识别、评估和控制健康与安全危害，其中包括应急措施。

(2) 在进入现场前由训练有素的人员评估现场特征，确认现场隐患并帮助选择合适的人员防护措施。评估应包括所有可能导致“立即威胁生命和健康浓度”状态或严重伤害的可疑情况。

(3) 实施现场控制计划，保护员工免受有害物质污染。现场安全方案至少必须指定溢漏或泄漏地点、工作区、现场通信、安全作业方法以及最近的医疗援助位置。其中包括使用“伙伴机制”，即要求至少两人在进入污染区域时同行，并且为救援提供至少由两人组成的后备小组。

(4) 员工必须经过培训才被允许参与可能暴露于安全和健康危害的应急响应工作。根据清理人员、设备操作员、监督人员和不同层级的应急响应人员的职责，列出如下具体培训要求。

根据每个响应人员的不同岗位职责，所需的培训层次也各不相同，同时要求通过能力证明或定期的年度复训来维持其专业能力。

- 认知级别：这类人员可能是最早目击或发现有害物质泄漏并启动应急响应的个体。接受此层次培训的人员必须展现出在紧急情况下识别有害物质、相关风险以及自身职责的能力。
- 操作级别：这些人员的响应目标是保护财产、人员和周边环境，而非直接处理泄漏事件。他们必须完成8h的培训，并具备“认知级别”的能力。
- 危险物质技术员：此类人员负责直接处理泄漏事件，需接受相当于操作级别的培训，培训时长为24h，同时必须在多个特定领域展现专业能力。
- 危险物质专家：这些人员为技术员提供技术支持，必须对需要围堵的物质有更具体的了解。他们同样需完成相当于技术员层面的培训，培训时长为24h，同时必须在特定领域展现出专业能力。

- 事故指挥官：事件指挥员负责现场的全面指挥，其职责超越了“意识层”。他们需接受相当于操作层次的培训，培训时长为24h，同时必须在多个特定领域展现出色的指挥能力。

（5）对所有暴露于任何特定有害物质且暴露水平达到或超过规定标准的员工，或者每年佩戴呼吸防护装备超过30天的员工，应至少进行一次年度医学检测，并在其离职时进行复检。如果员工在应急响应情况下意外暴露于化学品的释放，也需要进行医学监护。

（6）空气监测，用于识别和量化有害物质的浓度，并进行定期监测，确保使用的是合适的防护设备。

（7）实施去污程序，确保任何员工或设备在进入或离开潜在有害暴露区域前进行去污；操作程序应尽量减少与已暴露的设备、员工或衣物的接触；并根据需要提供淋浴和更衣室。

（8）在开始应急响应活动前应制定现场安全方案。此类方案必须涵盖以下内容：

- 人员职责和任务分配；
- 指挥链、培训和通信机制；
- 现场安保；
- 安全避难所；
- 疏散路线和程序；
- 紧急医疗处理；
- 员工应急预警。

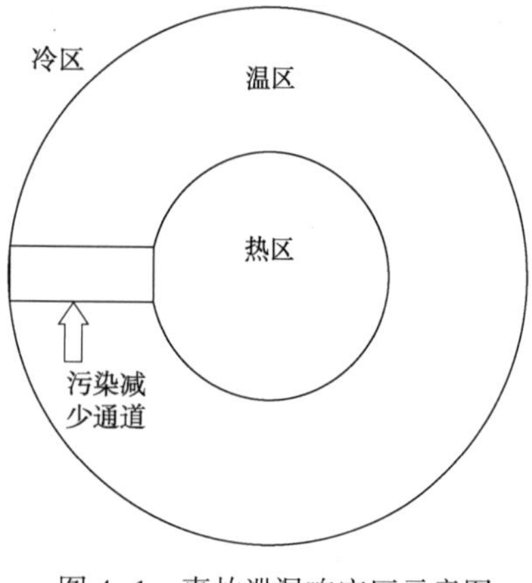

图4-1　事故泄漏响应区示意图

现场安全方案应以图示的方式标明实际应急响应区域、工作区位置和进出路径，管理人员提供支持的位置。图4-1展示了热区、温区和冷区的示例。热区是人员执行工作的区域。在该区域活动时需要佩戴呼吸防护装备和一定等级的化学防护服。温区是进出热区的缓冲区，包含污染消除通道，化学防护服、设备以及受污染人员的去污将在此处进行。根据有害物质的种类，进入该区域的人员可能需要佩戴呼吸防护装备和化学防护服。温区也是后备小组待命的地点，安全避难区可能也设置在温区。冷区是安置未接受过应急响应训练人员的区域。

4.7.2　手动灭火

如果仓库业主或运营人员决定组建应急响应小组，则应根据29 CFR 1910.156《消防队》对小组进行培训、装备和演练。

4.7.3　急救

考虑到可能发生的医疗紧急情况，建议让员工接受急救培训以应对此类情况。急救和心肺复苏（CPR）培训可以通过众多由美国红十字会和美国心脏协会认证的机构进行。

参 考 文 献

American National Standards Institute, ANSI Z41, "Personal Protection—Protective Footwear," 1991.

American National Standards Institute, ANSI Z89. 1, "Personal Protection—Protective Headwear." 1986.

American National Standards Institute, ANSI Z129. 1, "Hazardous Industrial Chemical Precautionary Labeling," 1994.

American National Standards Institute, ANSI Z88. 2, "Standard Practice for Respiratory Protection," 1992.

American Society for Testing and Materials, ASTM F739, "Standard Test Method for Resistance of Protective Clothing Material to Permeation by Liquids and Gases Under Conditions of Continuos Contact," 1996.

American Society for Testing and Materials, ASTM F903, "Standard Test Method for Resistance of Protective Clothing to Permeation by Liquids," 1996.

National Fire Protection Association, "Standard on Vapor Protective Suits for Hazardous Chemical Emergencies," NFPA 1991, Quincy, MA, 1994.

National Fire Protection Association, "Standard on Liquid Splash - Protective Suits for Hazardous Chemical Emergencies," NFPA 1992, Quincy, MA, 1994.

29 Code of Federal Regulations, Part 1910, Subpart I, "Personal Protective Equipment."

29 Code of Federal Regulations, Part 1910. 134, "Respiratory Protection."

29 Code of Federal Regulations, Part 1910. 1200, "Hazard Communication Standard."

29 Code of Federal Regulations, Part 1910. 156, "Fire Brigades."

补 充 阅 读

American Society for Testing and Materials, ASTM F1001, "Guide for Selecting Chemicals to Evaluate Protective Clothing Materials," 1989.

American Society for Testing and Materials, ASTM F1052, "Pressure Testing of Gas-Tight Totally Encapsulating Chemical Protective Suits," 1987.

Kamnel, David W., Noyes, Roland T., Riskowski, Gerald L., Hofman, Vernon L.

Midwest Plan Service, "Designing Facilities for Pesticide and Fertilizer Containment," 1991.

Mansdorf, S. Z., *Complete Manual of Industrial Safety*. Prentice-Hall, Inc. Englewood Cliffs, NJ, 1993.

National Safety Council, "Accident Prevention Manual for Industrial Operations Administration and Programs," Ninth Edition, Itasca, IL, 1988.

National Fire Protection Association, "Standard on Fire Department Occupational Safety and Health Program," NFPA 1500, Quincy, MA, 1992.

5 选址考量因素

5.1 概述

在制定化学品仓库建设、使用和持续运营的决策时，当地的人口密度、敏感性、土地利用和环境都是重要的考量因素。如果仓库附近的人口密度高，邻近学校或医院，或是存在高度敏感的生物物种，因化学品泄漏而造成的问题可能会更为严峻。同时，可能引发化学品泄漏的地震、洪水、飓风等自然灾害也应纳入评估。此外，周边工业设施(如仓库、易燃液体储存加工设施)的风险也应考虑其中。此外，还应评估是否会发生社会动荡和骚乱、应急响应人员是否合格且人员充足、水电等公共设施是否完善可靠。

5.2 健康与环境暴露

特定化学品的泄漏对公众和环境可能会造成严重的短期和长期后果。火灾、现场事故、自然灾害或涉及进出仓库的货车交通事故等事件，都可能导致化学品泄漏并扩散至周围社区，尤其是在泄漏涉及烟雾、蒸气或气体时。泄漏的有害化学品可能是仓库储存的化学品、化学分解产物、禁忌化学品混合物或燃烧产物。

化学品通过地下水、地表水或污水和雨水排放系统扩散至环境中；而气体、蒸气和燃烧产物则有可能在空气中扩散，颗粒物和凝结物则可能从烟雾中沉降。公众所面临的风险会受到多种因素的影响，包括化学品的数量、物理特性和危害、防护措施的有效性等。

5.2.1 基线环境评估

在取得仓库场地之前，有必要对现场及周边区域和水道进行环境评估，以识别先前已存在的土壤、地下水及水道的污染状况。这些数据不仅有助于明确既有污染的责任归属，还为后续验证围堵与控制措施的有效性提供了依据。

5.2.2 人口邻近度、密度、敏感度

对比偏远地区，位于人口密集区的仓库一旦发生化学品泄漏，其后果往往更为严重。此外，特定群体对化学品暴露引发的健康问题更为易感，例如，即便是低度的化学品暴露，相较于年轻健康的成年人，儿童、老年人及患有基础疾病的人群更易受到影响。

因此，在进行现场评估时，人口密集区域或毗邻学校、养老院及医院的地方应被视为高风险区，可能并不是理想的仓库地址。同时，对现有设施亦需定期重新评估，因为随着

环境的变化，曾经适宜的区域可能变得不再合适。工业区是较为理想的选择，因为居民区发展不太可能侵占这些区域。对于被认定为高风险的区域，可通过在设施的设计与运营中实施额外的预防和缓解措施，来提高其可接受程度。

5.2.3 仓库车辆交通

化学品运输车辆在主要道路和仓库之间的运输，会使风险暴露范围从仓库场地延伸至周边社区。因此，在选址时应考量相对于人口分布的交通模式，学校、水道、铁路交叉口等因素，以及与化学品危害相关的其他潜在易受影响区域。

5.2.4 高度敏感的环境

某些环境区域对化学品极为敏感，或者可能会带来巨大的清理难题。湿地、河流和湖泊等水源区域对化学品污染尤为敏感。由于地形和土壤条件的影响，这些环境特征产生的问题可能会因化学品污染扩散而加剧。

潜在污染物的特性是考虑环境脆弱性时的关键因素。在进行环境风险评估时，必须考虑污染物的溶解度、生物降解性、毒性以及物理状态等属性。

5.2.5 地表水、地下水及土壤渗透性

化学品泄漏到地表水或地下水中，相较于泄漏到周边土壤，会引发更为严重的污染问题。尤其是当化学品可溶于水时，泄漏发生在水体中将导致污染物在水中扩散，严重影响饮用水供应，并威胁动植物的生命。与大型水体相比，受污染的土壤只需作为危险废弃物进行处理。由于水道有时是供应/分销链的关键环节，因此仓库不得不建设在靠近水道的地方。这些地方应被视为高风险场所，可能需要采取更多的防护措施和减缓措施。

在进行现场调查时，应评估仓库离地下水或地表水的距离，尽量避免选择位于含水层之上的位置，尤其是当该含水层为饮用水水源时。此外，还应测定土壤的渗透率，避免选择沙土等渗透性较强的地方，因为沙土容易导致化学品渗透到更深的土层。

5.3 自然灾害暴露

在考虑与地震、洪水、飓风、龙卷风、雷电以及极寒天气等自然灾害相关的选址问题时，必须对潜在的暴露风险有所认知。这些自然灾害的发生概率与严重程度对场地的风险起决定性作用。洪水、飓风、龙卷风、雷电及严寒气候等灾害通常具有季节性特征，而地震则具有突发性且难以预测。部分自然灾害甚至可能引发次生灾害，如地震可能诱发滑坡或海啸。

虽然所有设施都会面临自然灾害暴露的风险，但化学品仓库的风险可能与其他设施有所不同。如果无法避开自然灾害多发区域，可以在仓库设计运营中融入本书提供的减缓措施来降低风险。

5.3.1 地震

地震可能导致地面隆起、沉降或错动。此外，还可能导致土壤液化、滑坡以及沿海地区的海啸或受限水体附近的涌浪等次生灾害。地面隆起、沉降或错动可能造成建筑物坍塌，

破坏消防水和天然气管道、通信/警报线路、电线等设施。地震还有可能让储存架柱子失稳或接头失效，造成储存架倒塌，从而导致化学品溢漏。

通过查阅地震区地图，可以识别出地震易发的区域。美国的三大建筑规范(《BOCA 国家建筑规范》《标准建筑规范》《统一建筑规范》)中都纳入了地震区划图。这些地图有助于识别地震高风险区域。尽管这些地图无法预测地震的确切发生时间和强度，但它们有助于判断风险较高的区域。

地震震级是对地震释放的总能量的定量度量。在美国，地震的震级可以使用一种称为"里氏震级"的对数刻度来衡量。

地震烈度是对特定地点地震观测效应的一种定性或主观测量。美国使用的量表被称为"修正麦卡利(MM)地震烈度表"。

5.3.2 洪水

洪水可能导致环境受损或化学品泄漏。洪水有可能损坏仓库建筑及储存的货物，堆垛的货物纸箱经水浸泡后变软，容易垮塌，而且可能导致水分通过毛细作用向上迁移到水面之上的货物。一旦发生化学品泄漏，还会造成环境污染。此外，某些化学品与水反应时可能释放有毒气体或引发火灾。

了解洪水高风险区域的相关信息，可以参考洪水保险研究(FIS)和洪水保险费率图(FIRM)，这些是最新的资源，由美国住房与城市发展部下属的联邦紧急事务管理局(FEMA)发布。

洪水保险费率图为用户提供了与特定区域因气候事件可能引发的洪水风险相关的重要信息，包括特定洪水风险区域(SHFA)、洪水保险区、百年一遇洪水水位(基准洪水水位)、500 年一遇洪水水位以及被指定为法定防洪通道的区域。

对于现有或拟建设施，可以使用洪水保险费率图评估仓库、道路及周边土地的洪水风险。百年一遇洪水间隔及其相关的洪水水位是评估洪水风险时最常用的标准。在洪水保险费率图中，百年一遇洪水区域被标记为 A 区(非沿海地区)或 V 区(沿海地区)。

5.3.3 飓风

飓风主要影响北美墨西哥湾和大西洋沿岸地区。世界其他地区的类似气候现象可能被称为台风或热带气旋。影响北美的飓风源自西大西洋上空，通常发生在每年的 7~9 月，是一种破坏力极强的热带气旋。飓风的影响范围广泛，从风暴中心可能延伸至数百英里外的地区。美国国家气象局通常可提前 2~3 天向预计受飓风影响的地区发出预警。

飓风登陆时，对沿海及其周边地区的影响与对内陆地区的影响存在差异。沿海及其周边地区可能会遭受风暴潮、强风、强降雨以及龙卷风等影响，其中风暴潮是飓风最具破坏性的因素，沿海地区遭受风暴潮的风险最高。受飓风引发的低气压、强风驱动的海浪以及浅海地形的影响，风暴潮可能导致沿海海平面升高至 20ft(6.1m)。随着风暴潮向内陆推进，每行进 1mile(1.6km)，其深度通常会减少 1~2ft(0.3~0.6m)。如果风暴潮恰逢涨潮期，其破坏力将进一步增强。

飓风登陆后会逐渐减弱，但对内陆地区的影响可能包括由强降雨引发的山洪暴发和河流泛滥。由于风暴潮对沿海地区的影响，流入海洋的河流水位可能上升，从而导致内陆地区发生洪水。

飓风带来的高速风通常会对屋顶造成损害，这是飓风中最常见的建筑损坏类型。损害可能表现为屋顶边缘包边、屋面覆盖层和保温层的剥离，甚至整个屋顶结构的掀离。当高速风吹过平屋顶时，会在屋顶表面产生低于屋顶下方大气压力的减压现象，从而产生向上的提升力。最大压差出现在屋顶边缘和墙角处。如果仓库的迎风侧有开口，这种压差会更大。风力破坏门窗后会形成开口。过大的风力还可能造成外墙坍塌，墙体是否坍塌取决于其设计和所承受的风力。如果仓库在遭遇飓风期间或之后伴随强降雨，可能导致储存货物和建筑物本身遭受水损。

萨菲尔-辛普森飓风潜在破坏力等级根据飓风的强度对其进行分类。强度的衡量标准是飓风的最大持续风速和中心气压。表5-1列出了用于确定飓风等级的强度参数。

表5-1　萨菲尔-辛普森飓风潜在破坏力等级

等级	最大持续风速/(mile/h)(km/h)	中心气压/inHg(mbar)
1	74~95(120~153)	>28.94(980)
2	96~109(154~177)	28.50~28.94(965~979)
3	110~130(178~209)	27.91~28.49(945~964)
4	131~155(210~249)	27.17~27.90(920~944)
5	>155+(249+)	<27.17(920)

5.3.4　龙卷风

龙卷风被视为大自然中最猛烈的风暴，通常与强雷暴和飓风伴随发生。与飓风可能造成对广泛区域损害的程度不同，龙卷风因其旋转的涡流与物体直接接触，会导致局部性损坏。当龙卷风与建筑物直接接触时，由于风力强烈，建筑物通常会被彻底损毁。

龙卷风可以根据“藤田龙卷风气旋等级”进行分类。该等级依据龙卷风的涡旋风速及其对物体的破坏程度进行划分。表5-2列出了确定龙卷风强度的藤田级数参数。尽管有报道显示某些龙卷风的风速超过表中数据，但这些情况较为罕见。F-1级龙卷风最常见，F-5级最少见。一场“严重”级的龙卷风，其涡旋直径可达到200码(约183m)，水平行进速度为30mile/h(约48km/h)，并且与地面接触后的行进路径可达2mile(约3.2km)。虽然仓库通常并未设计成能够抵御龙卷风的强风，但仓库的应急预案应当指出最适合员工避难的区域。

表5-2　藤田龙卷风气旋等级

藤田级数	风速/(mile/h)(km/h)	破坏力
F-0	40~72(64~116)	轻度破坏
F-1	73~112(118~180)	中度破坏
F-2	113~157(182~253)	重度破坏
F-3	158~206(254~332)	严重破坏
F-4	207~260(333~419)	极端破坏
F-5	261~318(420~512)	完全破坏

在美国48个相邻州，大部分州会发生龙卷风。然而，墨西哥湾沿岸和中西部地区是龙卷风最为频繁的发生地，俄克拉何马州每年发生的龙卷风数量最多。美国的龙卷风通常集中在4~6月。

5.3.5 闪电

闪电不仅威胁个人安全，还可能点燃易燃建筑材料和储存物，同时损坏电气装置及线路。据美国消防协会统计，闪电导致的伤亡与财产损失，甚至超过了洪水、飓风和龙卷风的总和。闪电往往伴随着强烈的雷暴天气出现。《闪电防护系统安装规范》(NFPA 780)的附录中提供了风险评估指南，可用于评估闪电带来的损失风险。

5.3.6 北极寒潮

北极寒潮指的是冬季出现的异常冰冻天气，影响那些通常不会经历冰冻气温的(美国)地区。这种现象由气候模式的暂时变动引起，导致寒冷气团比预期更向南移动。气温会急剧下降15~20℉(8.3~11.1℃)，持续时间从几天到几周。国家气象局会提前发布预警信息。北极寒潮最常见的后果是管道冻裂，包括生活用水和消防管道。管道解冻后，仓库可能会遭受严重渗水。此外，天然气公司可能会优先保障住宅用户的天然气供应，从而减少对工业用户的供气量。

在自然灾害频发的地区运营仓库，必须采取相应措施来减轻灾害影响。仓库应按照能够应对最严峻灾害的标准进行建设，特别是应配备消防设施和其他应急设备，如应急照明。但仍需意识到，尽管已采取了这些预防措施，仓库建筑和储存物品可能依然会遭受重大损毁。因此，应根据可能的损失情景制定应急预案，详细内容见第9章。

5.4 周围活动带来的暴露风险

5.4.1 邻近设施、机场、高速公路、铁路

在进行场地评估时，应识别由于邻近设施引发的火灾、爆炸或化学品泄漏等灾难性事故而导致的暴露风险。随着周围暴露情况随时间变化，可能还需要重新评估附近设施的风险。高危或防护不当的作业可能会对附近的化学品仓库构成风险。减轻暴露风险最有效的方法通常是提供足够的空间隔离或设置防火墙。建设在机场、高速公路和铁路沿线附近的化学品仓库面临的风险较低，但依然可能带来一定的暴露风险。

5.4.2 高压易燃气体和液体输送管道

美国广泛使用地下管网输送大量易燃气体和液体。这些管道跨越距离长，且在高压下运行。尽管高压易燃气体或液体输送管道的重大泄漏事件较为罕见，但这类事件曾经发生过，且造成了严重的火灾和爆炸。

目前，尚没有一份单一的参考资料详细列出所有管道的位置和类型。有关管道的详细信息应通过当地渠道获取，包括地方政府官员或管道所有者/运营商。

5.4.3 暴动和民众骚乱

暴动和民众骚乱通常发生在犯罪率高和经济萧条的地区，劳资纠纷也可能成为触发因

素。在大规模暴动发生时，警方和消防服务的响应可能会延迟或无法及时到位。以往经验表明，在涉及普通民众的事件中，储存非消费品的设施较少成为抢劫的目标。此外，如果发生纵火事件，由非易燃材料建造并配备喷淋系统的设施更不容易遭受损害。

5.5 应急响应人员

场地评估的内容应包括应急响应人员在紧急情况下能否进入现场。评估应急响应人员的行驶路线时，应考虑路线距离以及铁路交叉口等可能存在的障碍物。在估算响应时间时，应从接到求助请求的时刻开始，直至开始使用消防水为止。应急响应人员应能够顺利进入建筑物的周围区域，为此可能需要设置便道。消防栓应合理布置在设施附近和周围，确保水源供应充足且可靠。

应根据灭火能力和处理危险物质事故的能力来评估应急响应安排是否充分。让应急响应人员参与制定响应方案，同时酌情让应急管理人员参与其中，能使应急响应人员对突发事件做出更充分的准备。

5.6 公用设施的完善性和可靠性

场地评估时应对公用设施的充足性和可靠性进行审核。尤其需要重点评估供水是否符合消防水需求。如果现有供水不足或不够可靠，可能需要在现场安装消防泵和水箱等备用供水设备。

参 考 文 献

Building Officials & Code Administrators International, Inc., “The BOCA National Building Code,” Country Club Hills, IL, 1993.

Federal Emergency Management Agency, “Guide To Flood Insurance Rate Maps,” FIA - 14, Baltimore, MD, May, 1988.

Industrial Risk Insurers, “Arctic Freeze,” IM. 15. 5. 1, Hartford, CT, March 1, 1996.

Industrial Risk Insurers, “Earthquake,” IM. 15. 2, Hartford, CT, June 3, 1996.

Industrial Risk Insurers. “Flood,” IM. 15. 4, Hartford, CT, December 1, 1995.

Industrial Risk Insurers, “Riot and Civil Commotion,” IM. 1. 11. 1, Hartford, CT, June 1, 1993.

Industrial Risk Insurers, “Tornadoes,” IM. 15. 1. 2, Hartford, CT, March 1, 1996.

Industrial Risk Insurers, “Windstorms,” IM. 2. 0. 1, Hartford, CT, February 2, 1990.

International Conference of Building Officials, “Uniform Building Code,” Whittier, CA, 1991.

National Fire Protection Association, “Standard for the Installation of Lightning Protection Systems,” NFPA 780, Quincy, MA, 1995.

Southern Building Code Congress International, Inc., “Standard Building Code,” Birmingham, AL, 1991.

Department of Energy, Federal Energy Regulatory Commission, “Major Natural Gas Pipelines,” Washington, D. C., September 30, 1993.

补 充 阅 读

Factory Mutual Engineering Corporation, "Evaluation of Flood Exposure," Loss Prevention Data 9-13, Norwood, MA, February, 1993.

Factory Mutual Engineering Corporation, "Maps of Earthquake Zones," Loss Prevention Data 1-2S, Norwood, MA, February, 1987.

Factory Mutual Engineering Corporation, "Protection Against Fire Exposure (from Buildings or Yard Storage)," Loss Prevention Data 1-20, Norwood, MA, March, 1979.

Industrial Risk Insurers, "Protection of Buildings from Exterior Fire Exposures NFPA 80A-1987," IM. 2. 0. 5, Hartford, CT, December 2, 1991.

Industrial Risk Insurers, "Windstorm Data Maps," IM. 2. 0. 1. 1. A, Hartford, CT, December 2, 1991.

National Fire Protection Association, "Recommended Practice for Protection of Buildings from Exterior Fire Exposures," NFPA 80A, Quincy, MA, 1996.

Pielke, R. A., *The Hurricane*. Routledge, New York, 1990.

6　设计与建设

6.1　概述

化学品仓库的设计与建设应考虑可能影响员工、周边及环境场景的损失，仓库建筑及业务连续性的损失情景防护减缓措施应与储存材料的特性、环境与人群的脆弱性以及潜在的自然灾害相匹配。

6.2　建设文件——审批与许可

设计化学仓库设施的工程团队应充分了解所储存材料带来的危险以及可能需要满足的特殊建筑要求。设计应考虑生命安全、社区暴露风险、防护设施、财产保护(另请参阅第 3 章和第 5 章中关于法规和设施选址的相关信息。)

本书中提出了各种物资的危害分类和防护方法，可能与相关建筑施工或消防规范中规定的分类、防护方法或缓解措施不一致。仅靠遵守建筑规范并不一定能确保仓库设计的完善。事实上，这些规范可能仅提供最低限度的保护。超出规范或法规要求的适当保护水平是一项商业决策。大多数建筑规范中都规定了申报资料或施工文件所需的信息。表 6-1 列出了美国三个指定设计规范和/或标准的组织(本表并不包含这些机构发布的所有规范)。

图 6-1 显示了美国各类规范的一般影响范围。

除了表 6-1 中列出的组织和规范，美国消防协会(NFPA)还制定了涉及建筑防火和生命安全相关的标准和规范。最常采用的两个规范是《国家电气规范》(NFPA 70)和《建筑物及结构防火生命安全规范》(NFPA 101)，后者通常被称为《生命安全规范》。这两个规范均被作为美国国家标准协会的标准采纳。

目前，各大示范规范组织正在努力制定一套全国统一的规范，以便在美国境内推广使用。为此，这些组织成立了国际规范委员会(ICC)来共同制定文件。国际规范委员会已发布了机械和管道规范，并计划于 2000 年发布建筑和消防规范。此外，美国消防协会也加入了该委员会的工作中，参与制定统一的消防规范。

在审批过程中，除了当地的建筑和消防部门，还有其他相关机构或实体参与其中，特别是县政府和州政府。当地的审批流程可能涉及分区规划审批，以及土地使用、公用设施、储存运营、危险用途等方面的特殊许可。

表 6-1　美国示范规范组织及其颁布的主要规范

国际建筑官员与规范管理者协会（BOCA）

地址：美国伊利诺伊州乡村俱乐部山市

- 《国家建筑规范》
- 《国家火灾预防规范》
- 《国家机械规范》
- 《国家管道规范》

国际建筑官员大会（ICBO）

地址：美国加利福尼亚州惠提尔市

- 《统一建筑规范》
- 《统一消防规范》*
- 《统一机械规范》
- 《统一管道规范》**

南方建筑规范大会国际协会（SBCCI）

地址：美国阿拉巴马州伯明翰市

- 《标准建筑规范》
- 《标准消防规范》
- 《标准机械规范》
- 《标准管道规范》
- 《标准燃气规范》

* 由国际消防规范研究所出版，并得到国际建筑官员大会的认可。

** 由国际管道与机械官员协会出版。

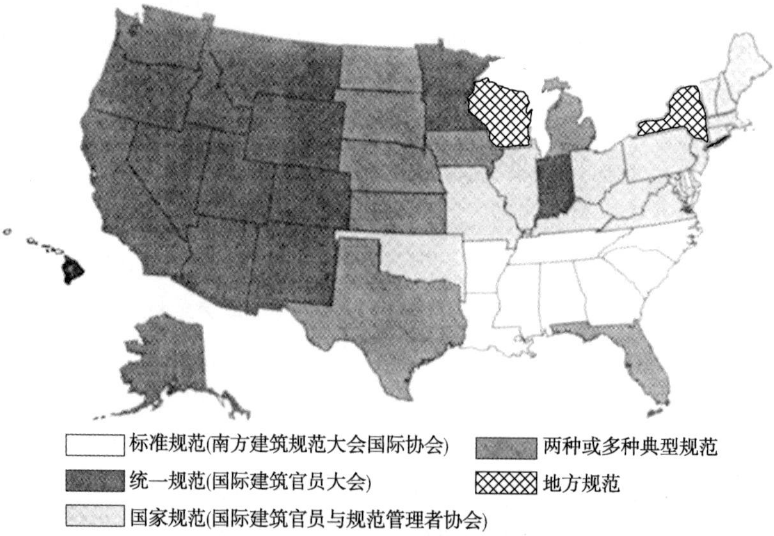

图 6-1　建筑规范一般影响区域

对于化学品仓库而言，若其被归类为危险用途，便需要遵守特殊的使用要求。上述三个模范规范(国际建筑官员与规范管理者协会、国际建筑官员大会、南方建筑规范大会国际协会制定的规范)都允许建筑主管部门要求相关方提供技术意见或报告，以确认并制定应对储存危险物料带来的风险的替代施工方法或保护措施。这些技术评估或报告有助于证明拟议的建筑设计特点、储存安排和材料等符合规范意图。表 6-2 给出了替代设计的规范语言示例。

表 6-2　1994 年《统一建筑规范》第 104.2.8 节

104.2.8 替代材料、替代设计及施工方法 本规范的条款无意阻止使用任何材料、替代设计或施工方法，只要本规范中未规定的材料，替代方案或施工方法均应已获批准且其使用已经获得建筑官员的授权。 如果建筑官员认为所提议的设计是可接受的替代方案，并且该设计符合本规范的规定，且符合本规范的规定，所用材料、方法或工作在目的、强度、有效性、防火性能、耐久性、安全性及卫生条件等方面至少与本规范所规定的要求相当则建筑官员可批准此类设计。 建筑官员必须要求相关方提供充分的证据或证明来支持对替代方案使用的主张。凡批准替代方案的细节，均应记录在案并在获得批准后存入本规范执的档案中

对于不属于危险用途的化学品仓库，则适用限制较少的“储存用途”规定。

如建筑官员驳回该替代方案，申请人可通过上诉委员会继续推进其替代方案。上诉委员会经设立，负责听取并裁决相关事宜。建筑官员的决定或与规范相关的要求及解释的命令，都在其裁决范围内。但上诉委员会无权豁免本规范的要求。

6.3 疏散通道

保障生命安全是化学品仓库控制和减轻危害的最终目的。其中，紧急疏散仍是保障仓库生命安全的重要组成部分。

化学品仓库的疏散通道由为仓库内人员提供安全疏散路径所必需的组件构成。鉴于其至关重要的作用，这条通道必须能在正常和紧急情况下使用。

设计化学品仓库的疏散通道时需考虑的因素包括：

- 储存布局与通道间距；
- 人员荷载及其分布情况；
- 建筑设计、内部布局或隔断情况；
- 库内储存化学品的危害性；
- 自动灭火系统的配置情况；
- 火灾探测与报警系统的配置情况；
- 仓库的出口疏散通道及通往远离仓库的安全区域的路径；
- 建筑物的安保情况。

化学品仓库可能集多种功能于一体，因此，不同区域的疏散通道设计需分别评估。例如，人员设施(办公室、休息室、卫生间等)不应与仓库作业区划分在同一个防火分区，仓库与非储存区域之间应设置逃离时间至少为1h的防火隔离；部分区域可能还需更高的防火等级。

关于疏散通道设计的具体标准和要求，可参阅美国地方及国家建筑规范，以及《生命安全规范》(NFPA 101)。《生命安全规范》是美国在疏散通道设计方面应用最广泛的标准之一。疏散通道的要求通常包含以下要素：

- 出口的定义；
- 出口的布局或位置；
- 出口的容量；
- 去往出口的疏散距离；
- 疏散通道的封闭或隔断；
- 一般照明与应急照明；
- 出口标识及疏散路径的指示。

在评估化学品仓库应设置的出口类型时，设计人员应关注以下内容：

- 仓库外部出口位置处地面与仓库楼板之间的标高差，在仓库装卸平台(特别是下沉式装卸平台)设置充足的疏散楼梯或坡道；
- 在卷帘门或水平滑动门旁增设行人通道门；
- 为多层区域(如与单层仓库相邻或位于其中的两层办公空间)配置封闭式楼梯间；
- 为紧急照明系统配置逆变器或发电机作为备用电源(特别是在大面积仓库中，因为电池供电的"虫眼灯"可能在这类仓库中无法满足实际需求)；
- 为仓库夹层区域提供开放或封闭的楼梯；
- 在有围堰的房间或空间的坡道设置足够的坡度；
- 在需要作为安全屏障的出口门上安装延时锁；
- 在需要分隔的仓库防火墙中设置水平出口；
- 将车辆坡道作为仓库人员的潜在疏散路径；
- 在易燃液体储存室等需要在紧急情况下快速疏散的场所，为出口门配置紧急推杆装置；
- 规定在不利条件下员工到达出口所需的时间。

仓库出口布局应合理规划，确保单一紧急情况(如火灾或意外泄漏)不会阻断所有出口的通道。非储存区域(如更衣室和办公室)的出口应提供一条通往受保护的外部区域的路线，而不应仅依赖于穿越仓库才能离开建筑物。《生命安全规范》及其他建筑规范中规定了需要设置多个出口的情况下，确保出口之间具有足够的间距，明确疏散路径和到达出口的时间，提供出口路径的紧急照明，需要对出口通道进行防火隔离。

疏散距离

除被归为"危险用途"的场所以外，对于未安装自动喷淋系统与已安装喷淋系统的建筑，其规定的疏散距离有所不同。单个场所的最大允许疏散距离应参照适用的规范予以确定。

被分类为“危险”或“高危”场所的仓库，通常要求比大多数其他场所更短的到达出口的疏散距离。在危险场所中，典型最大疏散距离一般为75ft(约23m)，某些规范和“替代方法”也考虑允许更长的距离。相比之下，在《生命安全规范》中被归为“普通危险”储存用途的仓库，若未安装自动喷淋系统，出口疏散距离最大可达200ft(约61m)；若建筑内设有自动喷淋系统，则该距离可增加至400ft(约123m)。

在某些情况下，通过工程评估确定生命安全标准时，到达出口的疏散距离至少应依据对仓库建筑的用途、人员负荷、疏散通道以及危险防护/减缓措施的综合评估来确定。

疏散通道的设计标准可能还取决于化学仓库内其他建筑设施的配备情况。例如，自动喷淋系统、火灾探测/报警系统(光学火焰探测、烟雾探测器、温度探测器等)、排烟系统等。有了这些系统，在某些情况下可能允许对疏散通道的设计要求适当放宽。作为整体应急准备工作的一部分，仓库运营商应定期开展演习，确保仓库人员熟悉建筑物的出口和疏散路径。这些演习有助于形成常规流程，进一步提高建筑物内人员的生命安全保障。

6.4 环境保护

化学仓库的建造应规定设置围堰和排水设施，以防止发生化学品意外泄漏或自动喷水灭火系统排放时对周围财产、地下水、地表水和公共下水道造成污染。相关保护措施应基于储存物料的毒性、暴露风险及其后果来设置。

在设计仓库地面时，应考虑仓库建设场地的前期准备工作、混凝土的类型与等级及铺设技术、地面表面的预处理以及处理方式，还有维护和修复。每个仓库的防护级别应根据计划储存物品的危险程度和仓库所有者的可接受风险水平来确定。并非所有仓库都需要防渗地面，但考虑到环境暴露可能带来的严重后果，对于任何特定仓库，都应仔细考虑决定是否采取此类措施。在进行风险分析时，评估化学品的储存性质、火灾风险、地下水源和地质条件等因素，将对设计决策起到重要作用。

6.4.1 围堰与排水能力考虑事项

若确定需要设置围堰和排水措施，一级围堰或排入二级围堰的排水系统应能容纳可能发生的化学物质泄漏和消防用水的最大排放量。根据所涉及物料的类型和规模，可能存在大量物质被释放，尤其是在发生火灾时。受污染的喷淋水或消防水带水流产生的径流量很可能会远超潜在的化学品泄漏量。因此，预计的喷淋水和消防水带喷水量也应被纳入围堰和排水设计中。

尽管标准未必要求，但应考虑实际喷淋流量而不是设计流量，因为设计流量通常较低。实际流量可以通过绘制喷淋系统水供需曲线来确定(见图6-2)。供水曲线与需水曲线的交点即为实际流量。此估算基于设计的喷头数量及预计的消防水带数量。

喷淋系统的流量通常设计为持续1~2h。因此，如果某个喷淋系统在1h内的总流量为2500gal/min(9500L/min)，则该系统在1h内将排水15×10^4gal(570000L)。如果这种情况发生在围堵面积为50000ft^2(4650m^2)的仓库中，水的深度将达到4.8in(12.2cm)(见表6-3)。

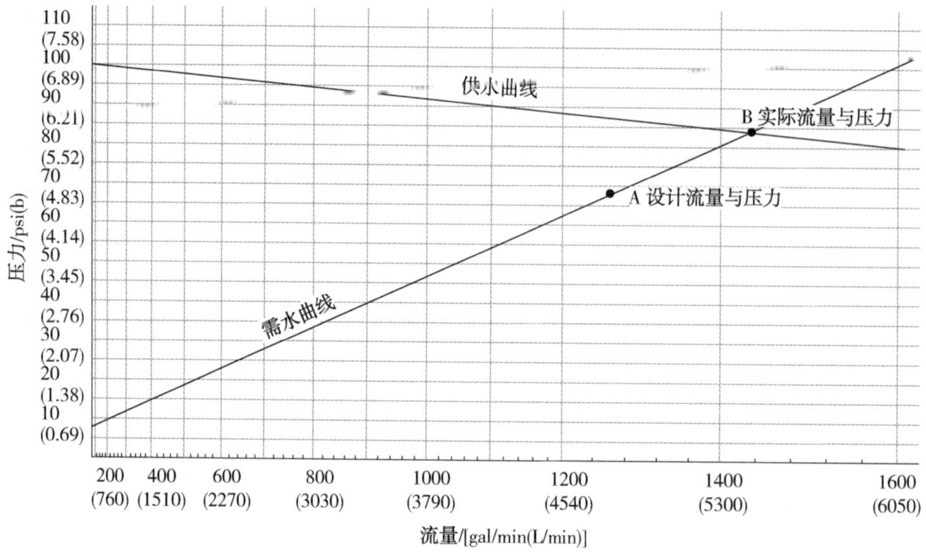

图 6-2 使用半指数($N^{1.85}$)图纸的喷淋系统供水曲线和需水曲线

表 6-3 1h 消防水流所需的围堵深度[in(cm)]

围堵面积/ft²(m²)	1000gal/min(3800L/min)[1]	2500gal/min(9500L/min)[2]	4000gal/min(15200L/min)[3]
5000(465)	19.3(49)	48.3(123)	77.2(196)
10000(930)	9.6(24.4)	24(61)	38.4(97.6)
20000(1860)	4.8(12.2)	12(30.5)	19.2(48.8)
50000(4650)	1.9(4.8)	4.8(12.2)	7.6(19.2)
100000(9300)	0.97(2.4)	2.4(6.1)	3.9(9.6)
200000(18600)	0.48(1.2)	1.2(3.1)	1.9(4.8)

[1]总水量为 60000gal(228000L)。

[2]总水量为 150000gal(570000L)。

[3]总水量为 240000gal(912000L)。

采用抑制火灾或灭火系统的仓库，其设计目标是尽量减少喷头运行的数量，让每个喷头的流量最大化，同时迅速实现抑火或灭火。例如，早期抑制快速响应(ESFR)系统或封闭式泡沫-水喷淋系统通常仅需运行 30min。然而，如果采用的是控火系统，而非抑火或灭火系统，则运行时间可能需要延长至 1~2h。此外，还需考虑人工灭火操作带来的额外消防水量，如消防水带喷射的水量。有关“抑火”“控火”和“灭火”等术语的详细说明，请参阅第 7 章。在考虑其局限性的情况下，可以使用产生水量较少的消防系统，例如，干粉灭火系统、气体灭火剂或高膨胀泡沫系统，但需注意其适用范围和限制条件。

第 7 章详细介绍了消防系统的设计参数，包括用于估算水喷淋系统可能产生的径流量的实用标准。

在室外围堰或开放式二级围堵区域中，降雨量也会影响容积需求。降雨量可以根据预计的 24h 最高强度进行计算，而过去 25 年的降雨记录可为估算提供依据。

在现有设施或新建仓库中，仅采用一级围堰的策略可能更为实际和经济，特别是当安装排水系统不必要、不现实，或储存物料风险较低时。一级围堰可通过不透水的下沉仓库地面实现，或者通过设置路缘或斜坡来完成。图 6-3、图 6-4 和图 6-5 分别展示了下沉地面、路缘和斜坡的相关设计。

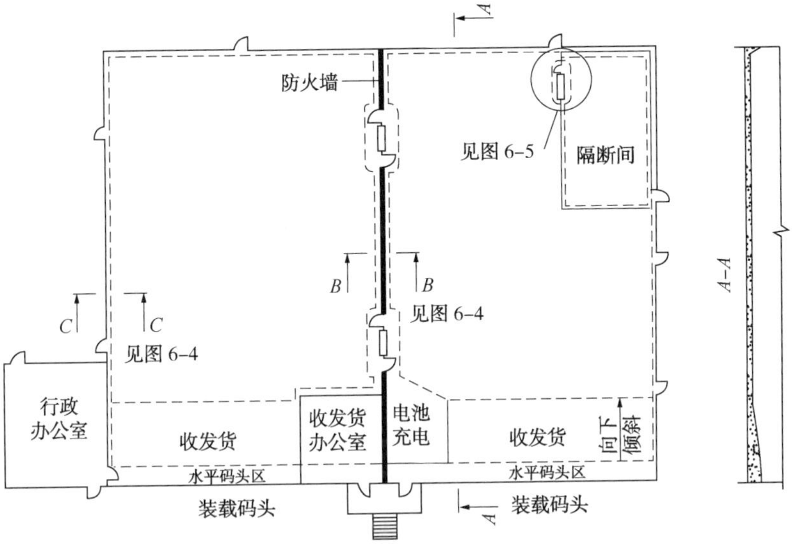

图 6-3　具备围堰功能的化学仓库

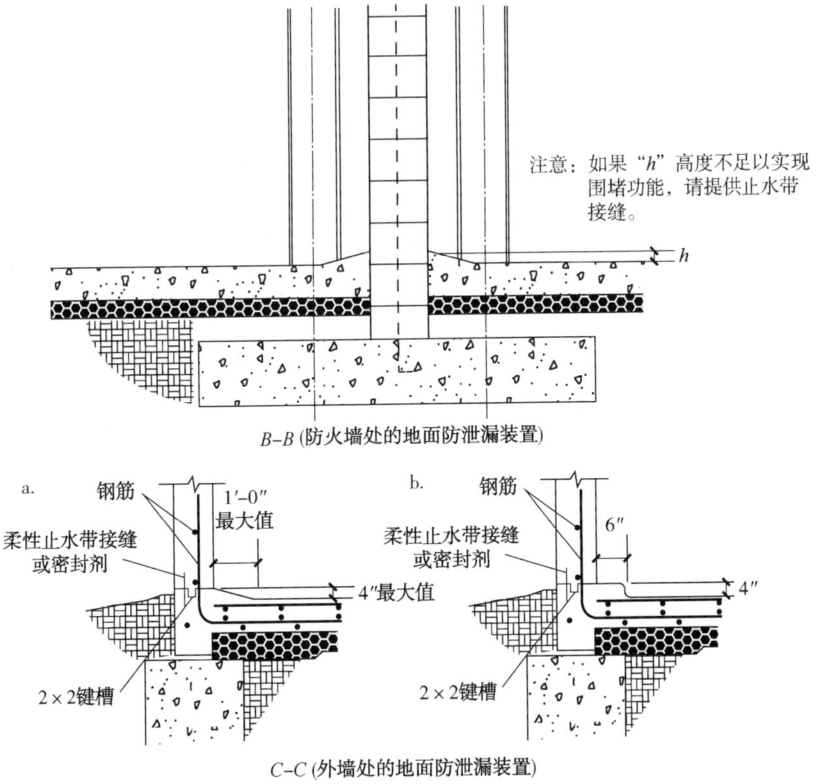

图 6-4　防火墙处地面围堰和外墙处地面围堰

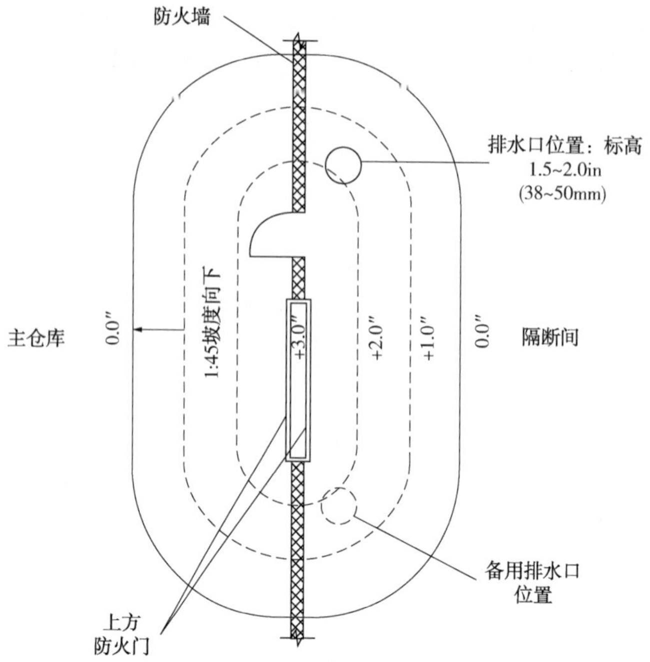

图 6-5　防火墙开口处的斜坡与排水布置

二级围堰可以通过多种方式实现，例如外部围堰区或下沉式装卸平台区。

排水系统可采用墙式排水口、地漏和排水沟槽引导液体至安全位置。这些不透水地面应设计为向排水装置倾斜，以确保液体顺畅流入排水系统。系统的容量需足够大，以避免液体溢入非目标区域，同时需考虑一级围堰区域内液位的限制。设计时应预留一定的余量，以应对排水系统可能因杂物堵塞而导致的失效风险。此外，排水系统还应具备防止火焰通过沟渠蔓延的功能特性。

图 6-6 展示了一种通用化学品仓库的平面布局，其中包含两种可能的围堵方案。方案 A 为利用沟渠和管道收集消防水并输送至较远的外部围堵区（详见图 6-7）。方案 B 采用地板周边抬高的设计作为一级围堰，同时通过外部下沉式装卸平台区域实现二级围堵。径流通过装卸门流向装卸平台区域。需要注意的是，这两种方案的装卸区域地面均设计为向下倾斜远离装卸门，从而最大限度地提升仓库地板的一级围堵能力。一种可行的配置是将距装卸门约 20ft（约 6m）的高点处形成坡面，从高点向装卸门和仓库其他区域倾斜。这种设计能确保装卸区域（泄漏高发区）的排水远离仓库主体，避免流入仓库内部。

方案 B 中用于排出雨水积水的沟渠/管道系统会增加受污染的消防废水意外排入生活污水系统的风险。为降低此风险，需在排水管道中安装一个电动阀。该阀门可设置为在火警面板发出信号时自动关闭，并可根据需要手动操作。也可以选用在断电情况下自动关闭的阀门，或者采用需要时再开启的常闭型阀门。

受污染的消防废水绝不应排入生活污水系统。在无法实现分离排放的合流排水系统中，必须确保排放消防废水时关闭阀门。无论何种情况，消防废水均不得排入当地公共废水处理厂（POTW）。特别是当消防废水中的污染物不溶于水时，可设置隔油池或集水坑分离轻质层。

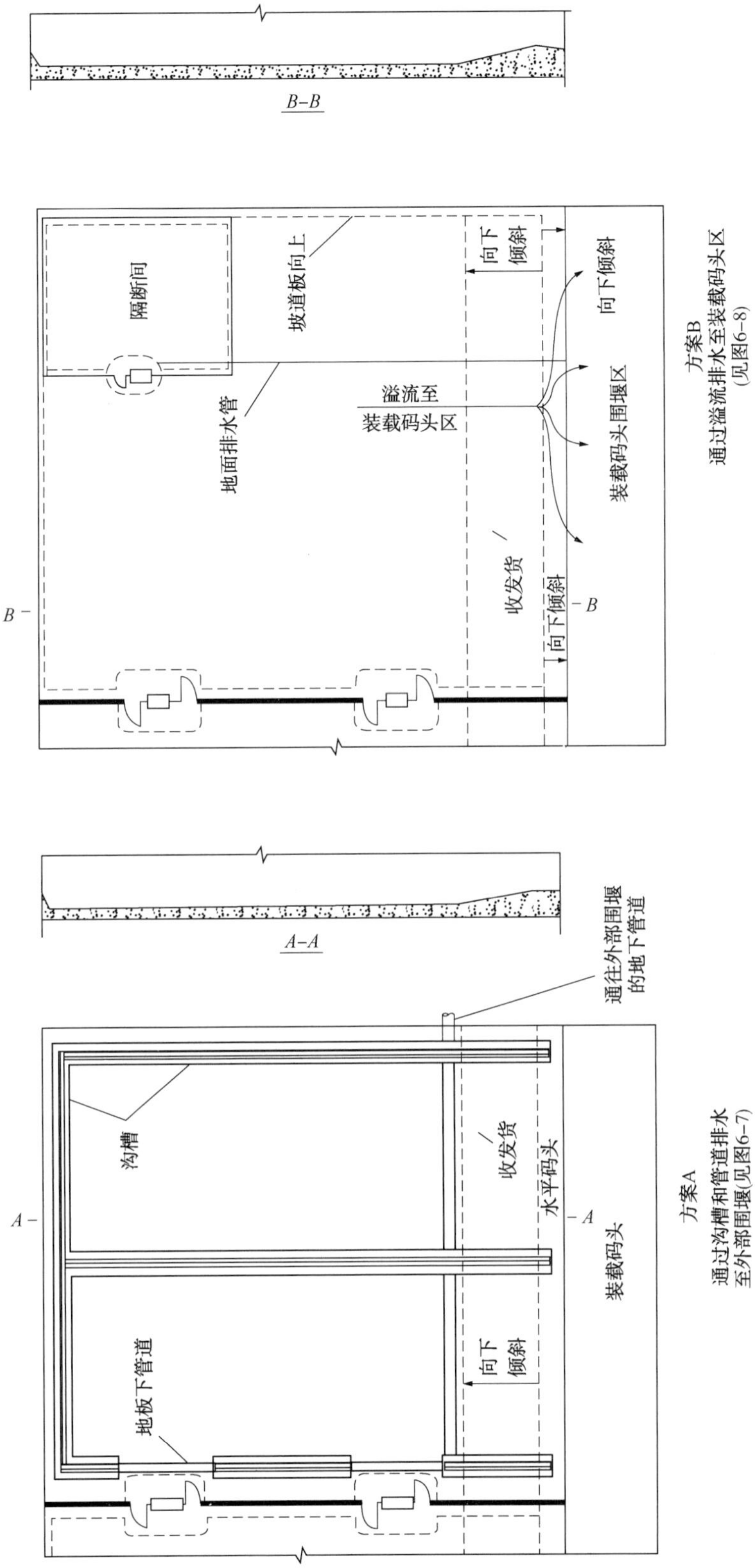

图6-6 两种消防水排水方案的化学品仓库示意图

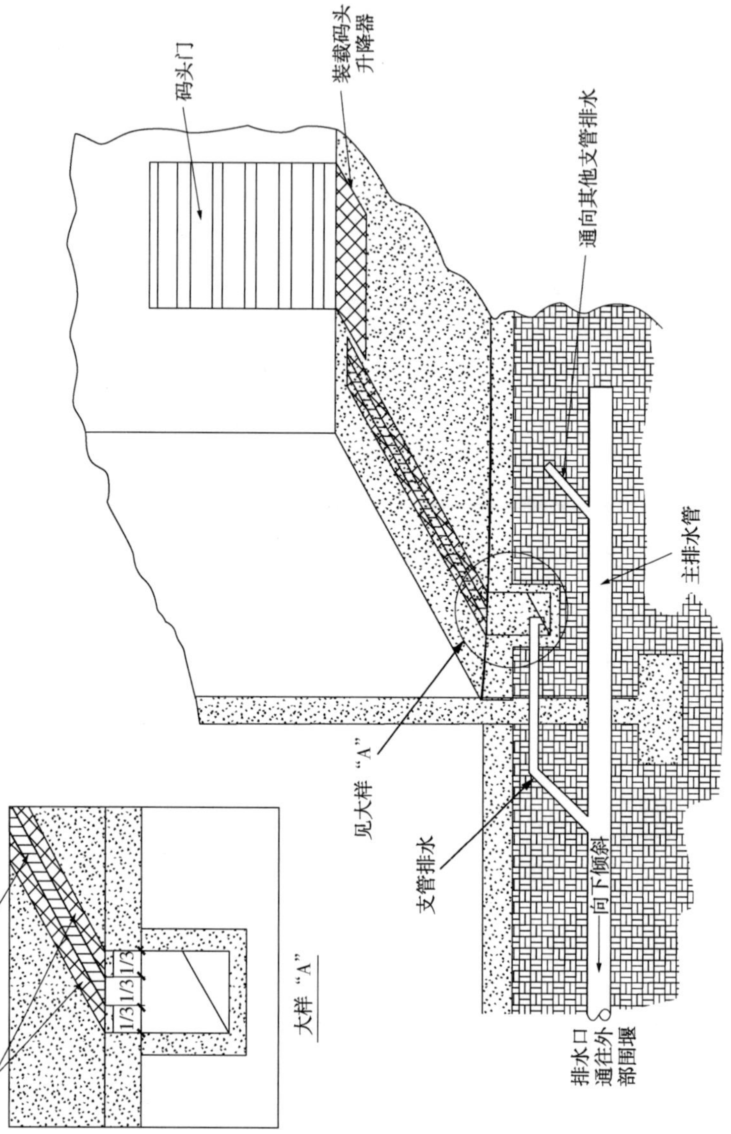

图6-7　方案A——排放至外部围堰的沟渠与排水方案

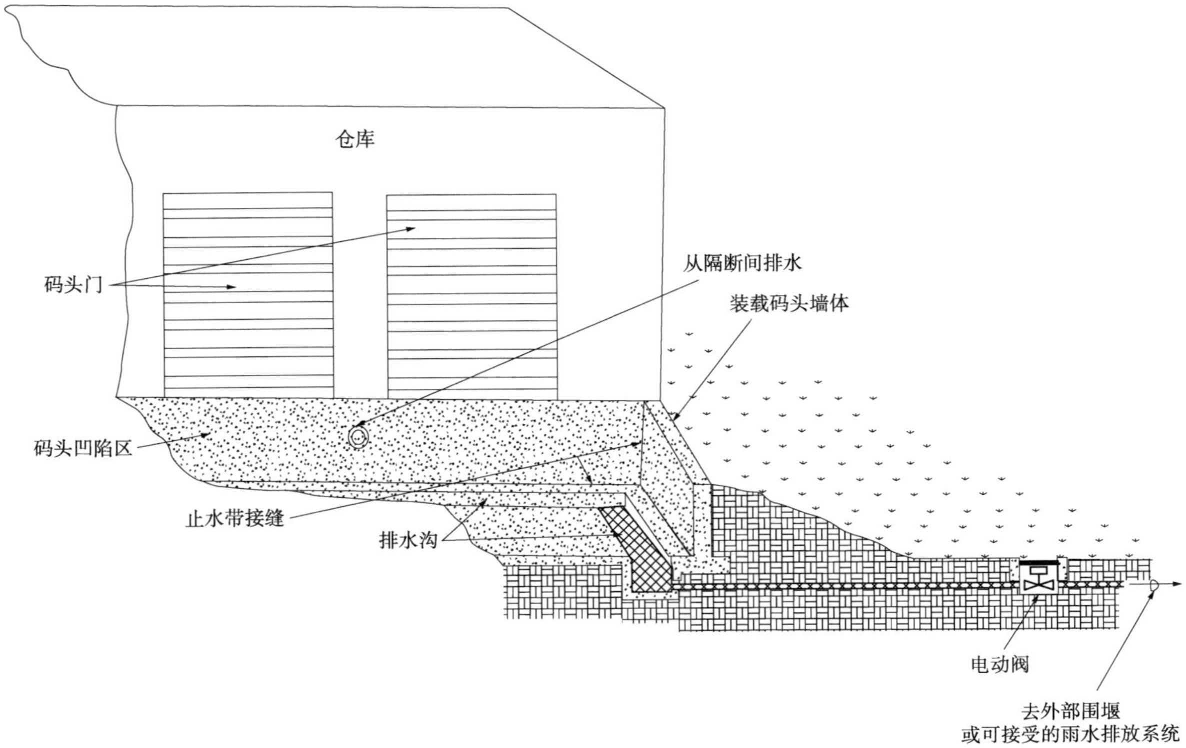

图6-8　方案B——作为外部围堰的下沉式装卸平台方案

6.4.2 仓库地面系统

在场地准备过程中，应在经过平整和压实的地基上铺设颗粒材料作为次基层。如果需要使用防潮层，应选择厚度为6.0密耳(mil)的无缝聚乙烯薄膜，且其材料成分应与储存的液体化学品兼容。需咨询制造商，确保所选防潮层材料与计划储存的化学品相容。

关于防潮层的使用，目前尚无共识。支持者认为，防潮层可以限制土壤中水蒸气的上升，并滞留在表面涂层下的混凝土中；反对者则担心防潮层可能导致混凝土内的水分反而滞留在混凝土与表面涂层之间。两种观点均基于防止水汽在混凝土地板的不透水涂层下积聚，因为水汽会导致混凝土开裂并加速劣化。

混凝土不应直接浇筑在防潮层上，因为这会阻碍混凝土在养护期间排出多余的渗出水，而且可能撕裂防潮层。通常，应在防潮层上铺设至少3in(约75mm)厚的经过压实的自排水颗粒填料，保护浇筑的混凝土。

随着地下水保护的法规日益严格，目前已开发出更先进的衬垫系统，例如，用于垃圾填埋场和危险废弃物的地标储存设施的土工布垫层。这些技术由双垫层以及夹在聚合物复合材料和织物层之间的泄漏检测与收集层组成。这类技术提供了较高水平的保护，但建议仅在化学品仓库运营确实需要时才使用。

6.4.3 混凝土标准

混凝土是化学仓库地板最常用的材料，其相对较低的成本和优越的抗压强度具有明显优势。但当用于防渗漏地面时，混凝土的一些特性可能带来潜在问题。

混凝土具有多孔性且容易开裂。如果没有保护涂层，某些化学品可能穿透混凝土，导致地下污染；裂缝还可能使腐蚀性化学品接触到混凝土中的钢筋，导致钢筋锈蚀并引发混凝土劣化。此外，裂缝可能使化学品泄漏渗透至混凝土下方并污染下面的土壤。

使用高质量的混凝土有助于延缓劣化。此外，防渗漏策略能否成功，混凝土施工技术起着至关重要的作用。

农业化学品处理设施的混凝土规范可参考美国中西部规划服务中心提供的《农药和化肥储存设施设计》。该文件为化学品仓库的防护设计提供了保守的技术指导。

地板表面应保持光滑，仅在浇筑混凝土板块时需要留有接缝。伸缩缝让混凝土在膨胀、收缩和移动时不会开裂。伸缩缝应设置在平坦的混凝土表面，且不应与门口、叉车坡道、货架支撑区域相交，也不应设置在离墙角、门口10ft(约3m)范围内。施工缝是在浇筑一块混凝土板后，在浇筑与之齐平的另一块混凝土板前，若前一块混凝土板的干燥时间超过半小时，就会形成施工缝。控制缝旨在提供预设裂缝点，以便混凝土按照设计位置开裂。之所以采用这种设计，是因为混凝土开裂是不可避免的。而且通过设置控制缝，可以预先确定开裂的部位。通过这种方式，仓库设计师能够控制该处的应力。如果允许混凝土随意开裂，裂缝将更难修复，而且混凝土可能进一步劣化，溢漏的化学品可能尚未被围堵或清理就已渗入裂缝。

接缝必须使用弹性密封剂进行密封，防止液体通过缝隙渗漏。为了密封控制缝和裂缝，应在接缝处使用耐化学腐蚀的密封剂。在设计阶段，应综合考虑多种密封材料及其安装规范。

在混凝土浇筑前安装的止水带可以有效密封接缝，但不适用于裂缝。止水带通常用作地板接缝、墙地交界处或边沿周围的防渗漏屏障。接缝应在止水带上设置并密封。当接缝密封剂失效时，止水带可提供为二次密封(见图6-4)。

6.4.4 表面处理

表面处理、涂层施工方法和选定或指定的涂层材料可以有效防止混凝土潜在损害，以及避免化学品通过混凝土进行的迁移。适当的表面处理能够有助于使涂层与混凝土之间达到最佳附着力。涂层失效通常是由于混凝土表面预处理不当引起的。

涂层失效可能表现为分层(即逐层剥离)或剥落(从混凝土表面脱落)。当涂层与混凝土之间的黏结力丧失时，往往会出现后者这种情况。在未先清除表面污染物和浮浆的情况下直接涂抹时，就极容易发生这种失效。浮浆是指在混凝土表面形成的一层薄膜，它是由未发生反应的水泥或过度搅拌新拌混凝土而浮至混凝土表面的水泥形成的。

关于混凝土表面预处理方法的决策非常复杂，应先仔细分析现场地理情况、待储存化学品的种类、所用水泥类型、潜在暴露条件以及使用寿命，然后再对混凝土地面进行表面涂层施工。

6.4.5 涂层和密封剂

涂层应涂覆成连续的保护膜，该保护膜具有相对均匀的厚度，并能牢固附着于基材表面。请向制造商咨询施工要求。涂层的层数会根据配方、施工方式及作业要求的不同而有所变化。各层厚度则取决于涂层的规格以及所储存化学品的类型。混凝土表面温度、环境温度和相对湿度等因素会影响涂层的性能。如果涂层与混凝土之间的热膨胀系数差异过大，可能会导致界面分离。

材料合适且涂抹正确时，涂层和密封剂能有效地保护混凝土基材。在选择混凝土基材涂层材料时，需要考虑储存的化学品及在意外溢漏时，特定涂层材料与这些化学品的反应。此外，所选混凝土基材的收缩和开裂倾向也是关键因素。

在大多数化学品储存场所，地面预处理工作和涂层配方的选择并非简单的决策。关于混凝土涂层效果的研究提供了比现行政府规定更为详细的信息。美国田纳西州河谷管理局环境研究中心的最新实验揭示了这些问题。相关研究成果可参见《保护性涂层与垫层》期刊中的《农药和肥料的保护性二级围堵措施》一文。

涂层因接触化学品的特性不同，在质量、体积增减、表面脆化、软化、起泡及褪色等方面会呈现出不同表现。

在选择适用于化学品仓库的涂层配方时，化学禁忌问题尤为复杂。除涂层方法和材料外，涂层的层数和厚度可能会受到特别侵蚀性化学环境的影响。因此，建议向涂层制造商的工程师咨询。

6.4.6 地面维护与修复

虽然大多数混凝土缺陷是由于设计和施工中的瑕疵引起的，但即使设计良好，也可能因地震、冻融循环、蒸汽/湿气渗透或过载等因素出现缺陷，需要进行修复。因此，应定期检查地面是否存在裂缝、剥落、虫孔、蜂窝状缺陷或其他瑕疵，一旦发现此类瑕疵，应及时修复并密封。

裂缝可分为休眠裂缝和活动裂缝。休眠裂缝可以在不引发其他裂缝的情况下进行修复，而活动裂缝在修复后仍很可能会重新开裂。修复效果会受修复方法和材料选择的影响。

与施工时的考虑因素相同，修复材料应根据具体情况的需求进行选择。大多数修复材料为水泥基或合成树脂基材料。

由于修复是在已干固的混凝土上进行，因此不会再发生收缩。用于修复的材料应具有不收缩的特性，或在不失去黏结力的情况下具备收缩的能力。

然而，对于温度变化而言，混凝土与修复材料会受到相同应力。最终，若修复材料的热膨胀系数与原材料相似，其耐久性将更强。

根据裂缝的性质和所选修复材料的不同，修复技术也有所不同。可聘请混凝土修复专业人员进行修复，或根据修复材料制造商的指导进行操作。

6.4.7 空气污染物

在化学品仓库环境中，控制空气污染物(如气体、蒸气和烟雾中的颗粒物)极为困难。目前尚无针对火灾、分解或禁忌化学品反应导致空气传播泄漏物的系统设计标准。因此，应着重于防止此类事件的发生。

6.5 火灾减缓建筑特征

化学品仓库的建筑材料选择受多种因素影响，如建筑规模、地理位置、材料成本、能源效率、用途、建筑规范、保险标准、业主的投资策略(自有或租赁建筑)以及建筑美学等。当建筑材料组合成结构时，可以根据其耐火性能进行分类。

美国建筑规范和美国消防协会标准中确定的五种基本建筑分类见表6-4。

表6-4 美国房屋建筑分类

建筑类型	基本说明
Ⅰ类	• 耐火且不可燃建筑； • 进一步细分为两类：结构框架耐火极限为3h或4h； • 地面结构耐火极限为2h或3h； • 屋顶结构耐火极限为1h或2h
Ⅱ类	• 不可燃建筑； • 进一步细分为三类：结构框架耐火极限为2h、1h或0h(无保护的不可燃建筑)； • 地面结构耐火极限为2h、1h或0h； • 屋顶结构耐火极限为1h或0h
Ⅲ类	• 主要为可燃建筑； • 进一步细分为两类：立柱和内部承重墙的耐火极限为1h或0h； • 外部承重墙为不可燃建筑且耐火极限为2h； • 地面和屋顶结构耐火极限为1h或0h

续表

建筑类型	基本说明
Ⅳ类	• 可燃建筑，通常指重型木结构、木工厂或木材板结构； • 内外部承重墙为不可燃建筑，耐火极限为 2h； • 内部结构件、地面和屋顶为实木或层压木，符合最小尺寸标准
Ⅴ类	• 木材或其他已获审批的可燃建筑； • 进一步细分为两类：所有结构元素(立柱、地面、屋顶等)的耐火极限为 1h 或 0h

无论建筑类型如何，建筑通常分为三类：耐火型、不可燃型和可燃型。这些类别在表 6-5 中有所描述，并附有建筑分类的参考。

表 6-5　房屋建筑分类

建筑类别	基本说明	分类示例[1]
耐火型建筑	建筑采用的材料能够承受在规定时间内的指定火灾考验。该时间段通过标准火灾测试程序或通过基于测试数据和经验的公认计算方法来确定	Ⅰ类(433) Ⅰ类(332) Ⅱ类(222) Ⅱ类(111)
不可燃型建筑	建筑采用的材料不会助长或传播火灾。这些材料在其“不可燃”特性不易显现时，可能需要按照公认的火灾测试标准进行测试。不可燃材料在火灾或热暴露条件下可能会失去其强度	Ⅱ类(000)
可燃型建筑	建筑采用的材料会点燃并燃烧。将可燃材料与其他不可燃材料结合，可能会形成整体的可燃复合结构	Ⅲ类(211) Ⅲ类(200) Ⅳ类(2HH) Ⅴ类(111) Ⅴ类(000)

[1]示例基于 NFPA 220 标准《房屋建筑类型》。每种建筑类型后面的阿拉伯数字(如Ⅰ类、Ⅱ类等)表示某些结构元素的耐火等级。第一个数字代表外墙的耐火等级；第二个数字代表承重框架在支撑多层楼时的耐火等级；第三个数字代表楼板结构的耐火等级。其他建筑规范也有类似且更详细的分类。

不同形式的可燃材料可以在屋顶结构、外墙结构、保温隔热材料、用于控温环境的墙体或天花板(如冷库、冷冻库等)隔热结构、内部隔墙、天花板结构以及用于地板、墙壁、天花板和装饰(如地毯、壁纸、墙板等)的内饰材料中找到。

一般而言，归类为危险场所的化学品仓库应采用耐火型或不可燃型建筑。耐火型建筑应由能够在承受特定时长预期火灾而不发生结构性破坏的材料组成。以下标准和测试方法常用于确定选定的耐火等级：

- 《建筑施工和材料的耐火试验标准方法》(ASTM E119)；
- 《结构钢防护材料的快速升温火灾测试》(UL 1709)；
- 《确定大规模碳氢化合物液池火对结构件和组件影响的标准试验方法》(ASTM E1529)。

耐火建筑通常按照 ASTM E119 进行测试并登记。此测试方法适用于储存物品归类为普通危害的大多数仓库的耐火需求。

UL1709 和 ASTM E1529 测试采用快速升温的火灾发展曲线，它是大型烃类池火的典型特征，而 ASTM E119 中的火灾发展曲线不同，它是慢速稳定增长型的。对于储存易燃液体或在火灾情况下具有较高热释放潜力的化学品仓库，应考虑采用依据 UL1709 和 ASTM E1529 测试并列入名录的耐火结构。此外，鉴于猛烈火灾的实际情况，可能需要重新考量屋顶防火材料的选择，并更加注重墙体的耐火性或建筑的分隔特性。

6.5.1 防火隔离

在化学仓库的防火设计中，可能需要设置建筑区域防火隔离，目的如下：

- 将人员设施与仓库区域分隔开。
- 限制潜在财产损失、业务中断、库存损失或环境损失的风险或规模。
- 根据储存物资的危害性将不同物资进行隔离。
- 在火灾情况下，通过将受影响区域限制在一定范围内，提高火势可控的可能性，该范围内的火势可通过自动和手动灭火措施进行控制，或者借助建筑的阻火和排水设计来应对。满足建筑或防火规范对于建筑区域限制、使用功能或危险区域分隔、疏散距离考量或其他规定的要求。

建筑区域防火分隔主要由具有耐火等级的墙体组成，在某些情况下也包括地板、天花板和屋顶。在单层化学品仓库中，用作防火分隔的主要构件是具有耐火等级且开口处有适当防护的墙体。尽管不同机构对防火隔离的分类存在差异，但大体上可将其划分为两类：防火墙与耐火隔墙/隔断。

防火墙是指那些独立于建筑结构框架和主要建筑部件，或具备足够稳定性和强度，即使建筑一侧倒塌也能保持不倒的墙体。这类墙体通常由砖石或混凝土等坚固材料建造而成。

耐火隔墙/隔断指的是由建筑结构框架、地板、天花板或屋顶支撑起来的墙体。这类墙体依赖其支撑结构的完整性，能够在火灾中保持原位并承受一定时间的火焰侵袭。

表 6-6 提供了一个保险公司关于防火隔离墙的分类方法及术语示例，其中展示了所需防火隔离的范围。这些类别与以下因素相关：隔离墙在标准火灾暴露下的耐火性能、在持续高温和极端温度条件下保持连续性和稳定性的能力、在火灾过程中可能面临的物理作用力（如倒塌）。

表 6-6　防火墙、防火隔墙和防火隔断的评级

墙体类型	耐火等级	配置
标准防火墙	最低 4h，无任何开口	女儿墙高于屋顶并配有翼墙、端墙或延伸结构
防火墙	3~4h，开口经过防护	女儿墙高于屋顶并配有翼墙、端墙或延伸结构
防火隔墙	2~3h，开口经过防护	墙体从地板延伸至屋顶底板下方
防火隔断	1~2h，开口经过防护	墙体从地板延伸至天花板

来源：工业危险保险人协会。

表 6-7 列出了防火墙的一般构造特点。

表 6-7 防火墙一般构造特点

墙体类型	构造特点
标准防火墙	• 独立的混凝土或砖石墙； • 无墙体开口； • 从最低楼层延伸穿过屋顶，并形成 3ft(0.92m)高的女儿墙； • 在建筑外墙提供防火端墙或翼墙，防止火势绕过防火墙蔓延； • 加强或支撑设计可抵抗因储存物坍塌或膨胀导致的损坏； • 墙体能够在火灾中抵御破裂和穿透； • 墙体必须从外墙延伸到外墙，或从一堵标准防火墙延伸到另一堵标准防火墙
独立防火墙	• 类似于标准防火墙，但允许设置经过保护的开口； • 与建筑无任何连接，屋顶处仅通过金属包边连接； • 墙体由混凝土砖或浇筑混凝土的砖石结构建造； • 保持足够间隙以适应相邻结构构件的膨胀； • 砖石结构或其他防火等级的建筑材料包裹或连接到建筑的钢框架结构(然后给框架涂覆防火材料)
锚式防火墙	• 墙体另一侧屋顶钢材能抵抗火灾侧屋顶坍塌力； • 墙体仅一侧与钢框架建筑结构连接； • 另一侧完全独立于建筑结构框架
单向防火墙	• 通常用于将低危险储存区与高危险区域分隔； • 墙体设计仅能承受一侧的火灾，与低危险侧的结构件连接； • 墙体与钢材在高危险侧保持间隙以避免因膨胀损坏墙体； • 两堵单向防火墙背靠背安装； • 每面墙的一侧暴露出结构钢，两墙之间保持规定的最小间隙
双层单向防火墙	• 用于分隔现有建筑和新建区域； • 现有墙体升级至所需耐火等级，并与建筑框架结构连接； • 新建设施修建第二堵墙，墙体靠近现有结构且与新建筑框架连接； • 如果火灾从双层墙的任一侧失控，只有一侧的框架和墙体会坍塌； • 剩余墙体由另一结构支撑，可保持原位阻止火势蔓延

来源：工业风险承保商与 FM(Factory Mutual)工厂互助保险公司。

防火隔墙(表 6-8)应被用于需要将特殊危险源与一般储存区隔离的仓库。例如，易燃液体、有机过氧化物制剂和气溶胶等材料可能需要这种特殊隔离。

表 6-8 防火隔离构造特点

墙体类型	构造特点
防火隔墙	• 通常为非承重墙，防火极限为 2~3h； • 仅从地板延伸至地板或从地板延伸至屋顶； • 由地板和天花板或结构柱支撑； • 不需要端墙或女儿墙； • 支撑构件(如地板、屋顶或立柱)应具有与所支撑的防火隔墙相同或更高的防火能力

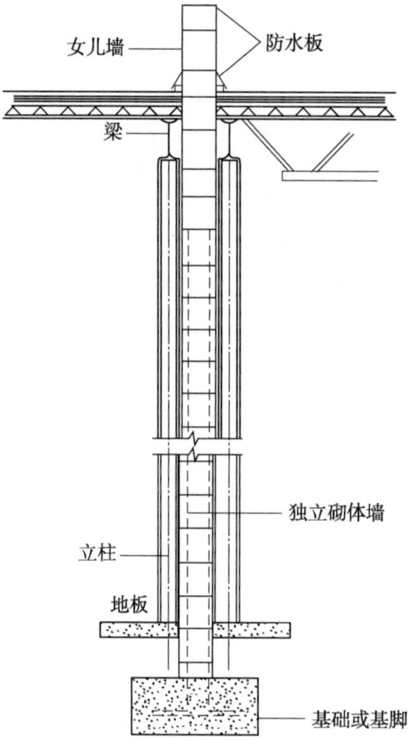

图 6-9　MFL 防火墙

防火隔断与防火隔墙在各方面相似，但其耐火极限为 1~2h。防火隔断通常用于进一步划分区域，还可由具有耐火等级的立柱支撑，可用于地板和天花板。

墙体组件的耐火等级需经过美国保险商实验室(Underwriter's Laboratories)、沃诺克-赫西(Warnock-Hersey)或 FM(Factory Mutual)等国家认可的检测机构的测试和登记。登记后刊登在各机构的登记目录或审批指南上。

《FM(Factory Mutual)数据表》也是获取有关最大可预见损失(MFL)防火墙信息和设计标准的重要参考。MFL 墙体与工业危险保险人协会所定义的"标准防火墙"(见图 6-9)在分类上基本相似，但 MFL 墙体的设计允许墙体开口(见表 6-8 和表 6-9)。MFL 墙体与非 MFL 墙体的主要区别在于，MFL 墙体在面临非受控火灾时，能够更有效地保持其结构完整性。表 6-9 详细列出了 MFL 墙体的一般设计特征。

表 6-9　MFL 防火墙

功能	特征
目的	• 旨在将火灾限制在起火区域，直到火被扑灭或自行熄灭
耐火性	• 耐火极限 4h； • 仅使用经过测试的构件或材料； • 砌体墙使用 M 型或 S 型砂浆； • 开口处采用双重防火门保护； • 贯穿件有明确的设计标准
稳定性	• 独立于屋顶支撑/天花板系统； • 当 MFL 墙体与建筑框架连接时有具体要求； • 额外的加固标准； • 面板强度标准

来源：FM(Factory Mutual)工厂互助保险公司。

前文讨论的其他类型的防火屏障和隔断，通常设计为需结合自动消防设施、消防部门救援及其他措施来控制火灾，而 MFL 型防火墙则设计为可单独发挥作用以限制火势蔓延。

6.5.2　开口与穿透部位的保护

尽管火灾可能会因防火墙、隔断和隔墙的热传导或结构失效而蔓延，但其最为普遍的火灾蔓延途径是通过敞开的门以及墙体中未受保护的贯穿区域。这些未受保护的开口或贯穿区域会大幅降低防火隔墙在遏制火灾蔓延方面的能力。

在防火墙体中，应尽可能减少开口的数量。这些开口用于人员通行、物料搬运、管道及输送系统开口，还用于管道、电缆和导管穿透墙体的部位。如果必须使用这些开口，则应采用经过登记认证的防火门、防火卷帘、阻火装置以及穿透式防火封堵组件来提供保护。这些防火装置需根据 ASTM E152、UL10B 或 NFPA 252 等标准进行测试并获得认证。

防火门装置通常由防火门本体、门框及五金件构成。防火门可根据其字母编号(表示所保护的开口类型)和耐火时长(表示耐火等级)进行分类，也可将两者结合分类。建筑规范与 NFPA 80 通常依据防火保护等级而非开口类型来指定防火门。表 6-10 列出了不同防火等级墙体所需的开口保护要求。图 6-10 和图 6-11 则分别展示了开口保护的布置实例。

表 6-10　开口保护一般标准

墙体防火等级	门和百叶窗的数量及防火等级
4h	对于 MFL 墙、防火墙和规范有所要求的地方，使用两扇耐火极限为 3h 的门，或对于其他墙体使用一扇耐火极限为 3h 的门
3h	一扇耐火极限为 3h 的门或两扇耐火极限为 1.5h 的门，采用前厅式布置方式
2h	一扇耐火极限为 12h 的门
1h	对于封闭竖井的防火隔墙，一扇耐火极限为 3h 的门；对于其他墙体，一扇耐火极限为 45min 的门

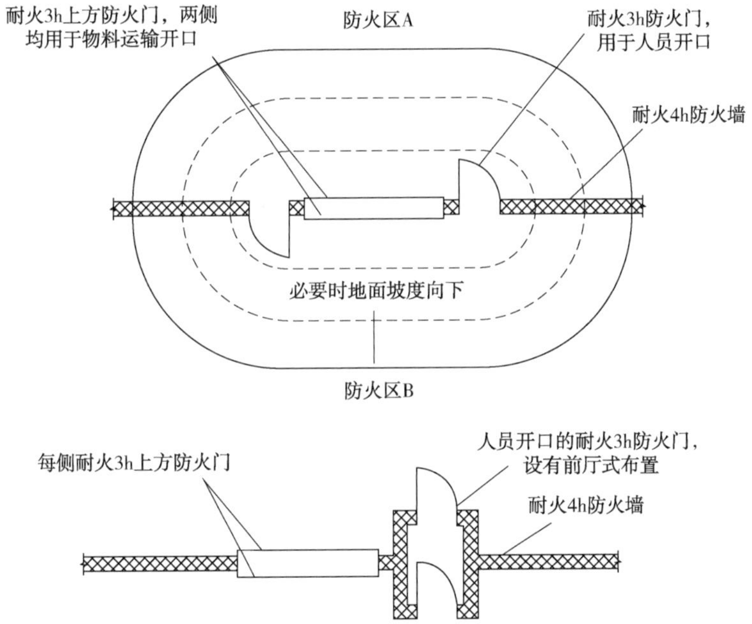

图 6-10　防火墙开口保护示例

注：1. 人员门必须是平开门。当作为出口时，门应朝着出口的方向开启。如图所示为对开式人员防火门，每扇门均朝疏散方向开启，例如在每扇门作为各自防火分区水平疏散出口的情况下，就是如此设置。

2. 非人员开口的保护可以采用吊顶式防火卷帘、水平滑动防火门或其他经过登记的防火门装置。

3. 若主管机关或保险公司要求在防火墙的每一侧安装防火门装置，则可按前厅式布置方式安装人员门。

4. 示意图中开口处展示了坡度地面，这种设置可能是为了围堵液体。

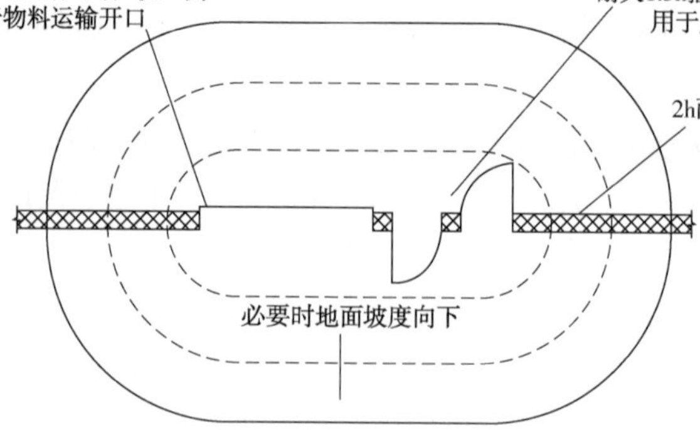

图 6-11　防火隔断开口保护示例

注：1. 人员门必须为平开式。当作为出口时，门应朝着出口的方向开启。如图所示为对开式人员防火门，每扇门均朝疏散方向开启，例如在每扇门作为各自防火分区水平疏散出口的情况下，就是如此设置。

2. 上方防火门必须能够自动关闭，特别是当防火墙作为水平出口墙时。

3. 示意图中开口处展示了坡度地面，这种设置可能是为了围堵液体。

应对防火墙体的每个开口进行评估，以确定采用的防火门装置是否合适。虽然额定等级适宜的防火百叶窗可能提供足够的开口保护，但当开口作为建筑物人员的疏散通道时，不能使用此类装置。同样，耐火墙中的水平疏散出口应配备能够向疏散方向开启的合页防火门。为满足人员和物料搬运需求，可能需要设立单独的开口。这种安排通常用于保护最大可预见损失 MFL 墙体或标准防火墙中的开口。

另请参阅本章的“围堰”部分，以了解有关液体围堵方法的内容。针对防火隔墙中的地面开口，可能需要设计坡道作为围堵方案的一部分，以防止液体从防火门下方渗漏。

6.5.3　贯穿部位

耐火墙体和地板的贯穿部位通常是基于实际需求或工程设计而设置的。对于 MFL 墙或防火墙，通常应尽量避免设置这些贯穿孔。

一般而言，耐火墙体中的贯穿部位和开口应使用具有与墙体相同耐火等级的材料进行防火封堵。市面上有多种适用的防火封堵材料，这些材料，由受认可的测试实验室会按 ASTM E119 标准或 ASTM E814 标准(“贯穿孔防火测试的标准测试方法”)登记，作为墙体/隔断的一部分在特定条件下使用。在适用的建筑规范允许的情况下，应使用传统的防火封堵材料。例如，混凝土、砂浆或水泥等材料可用于填补贯穿混凝土或砖砌墙体的直径可达 6in(约 150mm)风道、管道、电缆等周围的空隙。另外建议考虑对管道进行套管处理。管道应设计并安装使其在天花板坍塌时能够“脱离”，或在 MFL 墙中管道应设置在离完工地面不到 3~4ft(0.9~1.2m)的高度。

防火封堵材料的选择包括：

- 适用于塑料贯穿物的膨胀型产品。
- 基于溶剂或水基配方的密封剂。
- 硅酮泡沫、耐火板材、砂浆、管套和金属丝网等材料和组件的组合工厂预制的防火封堵装置，旨在安装在贯穿物周围，如附着于墙面或地面上的套环组件。

防火封堵登记或审批时将描述有关防火封堵结构和装配的各种细节，包括：

- 地面或墙体的结构和厚度。
- 防火性能等级(F 级)。
- 热传递性能等级(T 级)。
- 空气泄漏等级(L 级)。
- 贯穿物类型和尺寸。
- 开口的最大面积。
- 允许的环形空间尺寸。
- 填补开口或环形空间所需的材料和设备。

在选择符合 ASTM E814 测试标准的防火封堵时，原则上需要按照登记或批准文件中所示的详细信息来进行选择。然而，已测试系统的细节与实际设计参数或现场安装条件往往不匹配。因此，在使用防火封堵设计时，应特别注意，确保现场应用的开口尺寸、环形空间尺寸、墙体或楼板结构，以及贯穿物的类型和尺寸与测试要求相符。如有必要，应联系防火封堵产品的制造商，就修改后的防火封堵细节的预期性能寻求专业帮助和工程评估。

设计人员还需要考虑防火封堵：

- 是否能作为水封使用。
- 是否能作为烟雾密封使用。
- 是否影响贯穿物的定期安装或拆卸的操作。
- 是否能够适应未来的改造。
- 是否需要涂漆。
- 固化时间是否符合工期要求。
- 是否与如积水、高湿度或化学环境等环境条件兼容。
- 是否会受到移动或振动的影响。

6.5.4 排烟排热

火灾产生的热烟和气体会在仓库内上升，直至其上升运动受屋顶阻挡。然后，除非遇到墙壁或其他建筑构件，高温烟气会沿屋顶的下表面呈放射状向外扩散。随着这一过程的进行，热烟与热气将开始向地面沉降，直至充斥整个仓库。由于能见度降低和温度升高，救援行动和人工灭火作业可能会受到阻碍。

对于未安装喷淋系统的仓库，NFPA 204M *《烟雾和热气排放指南》(*Guide for Smoke and Heat Venting*)规定了挡烟垂壁以及自动排烟排热口的安装标准。挡烟垂壁可以限制热气和烟雾在屋顶下的水平流动，与自动排烟排热口一起使用时，可以促进热气和烟雾的排放。

屋顶安装的排烟排热口可以分为重力式和机械式。NFPA 204M 中的设计标准是基于针对大量货物的热释放速率预测值。

---

* 译者注：该标准已被 NFPA 204：2015 取代。

NFPA 204M 未涵盖挡烟垂壁和自动排烟排热口在已安装喷淋系统的仓库中的使用。针对使用喷淋系统和自动排烟排热口的各类储存货物开展的火灾测试非常有限，且结果尚不明确。

比较喷淋系统仓库中有无挡烟垂壁的火灾测试结果表明，挡烟垂壁对喷淋系统的性能产生了负面影响。挡烟垂壁可能会干扰喷淋系统的喷雾模式，具体取决于火灾相对于天花板喷淋头和挡烟垂壁的位置。如果喷淋系统的锥形喷雾与相邻的挡烟垂壁接触，可能会影响喷雾覆盖区域的火势控制。这将导致火灾规模扩大，进而需要更多喷淋头启动，使用更多水。此外，过多的自动喷淋头可能同时启动，致使水源供应不堪重负，增加径流，需要进行径流控制和处理，造成更多的产品损失，却无法提供更多的防护。

美国消防协会和 FM(工厂互助保险公司)发布的喷淋系统设计标准没有考虑挡烟垂壁和自动排烟排热口的使用。工厂互助保险公司并不要求安装排烟排热口。然而，其损失预防数据《1 类、2 类、3 类、4 类及塑料货物储存》建议，在已安装喷淋系统的仓库中，如果配有排烟排热口，应采用手动操作方式。相对而言，工业危险保险人协会则建议在安装喷淋系统的建筑中使用自动排烟排热口，除非采用的是早期抑制快速响应(ESFR)喷淋系统。

如果当地规范要求自动操作，喷淋头的启动温度应低于排烟排热口的启动温度，尤其是在安装了快速响应、普通额定温度的喷头时，这一点尤为重要。工厂互助保险公司的损失预防数据还建议，如果当地规范要求，挡烟垂壁应安装在喷淋头与喷淋支管之间的中间位置。如果安装不了，则可能需要增加更多的喷淋头。

6.5.5 动力通风系统

化学品仓库中的动力通风系统通常用于某些易燃气体和液体储存区(参见 6.6.2“气体与蒸气控制”)。暖通系统及屋顶动力排风系统可以设计为在接收到火警信号时自动关闭，以避免气流干扰喷淋系统的正常运行。此外，这些系统还可以设计为由消防部门手动启动并进行全面排风，以便在搜救过程中清除烟雾。

某些储存物品(如有毒液体)可能需要专门的通风系统和储存分区，以确保释放的有毒蒸气不会在某一区域内积聚。

6.5.6 应急和备用电力系统

如果仓库设计中包含应急和备用电力系统，应遵循《应急和备用电力系统标准》(NFPA 110)中的设计和安装标准。应考虑用这些系统在电力供应不可靠的地点作为关键功能备用系统。备用电力的应用包括：应急照明(见第 4 章和第 6 章)、通信系统、制冷系统、机械通风系统、蒸气/气体检测系统(见第 6 章)、电动火警报警器和消防泵(见第 7 章)。

6.6 爆燃预防与减缓

某些物质在不良条件下可能会发生爆燃或爆炸。这些物质包括某些有机过氧化物制剂、氧化剂、压缩或液化易燃气体和易燃液体蒸气。

Ⅰ级有机过氧化物(NFPA 43B)在受热时可能会剧烈分解或发生爆炸。低温条件下，某些有机过氧化物制剂可能会分解为不同的相态，导致有机过氧化物晶体与载体形成比原配方更加不稳定的混合物。大多数有机过氧化物在分解过程中会释放可燃气体、蒸气或雾气，从而在封闭空间内形成爆炸性环境。

在高温作用下，某些Ⅳ级氧化剂(NFPA 430)也可能分解并爆燃。此外，压缩或液化的易燃气体及易燃液体蒸气，特别是IA级液体，在建筑物或房间内释放时，同样可能形成爆炸性环境。第2章提供了有关不同物质爆燃潜力的更多细节。

可以通过采取一系列措施来预防或减缓爆燃的影响。控制储存温度可以有效防止分解反应和相分离，通常需要使用制冷或加热系统。发生火灾时，喷淋系统可用于降低某些物质的温度，限制其高温影响。通过合理的包装设计和/或机械通风，可降低涉及易燃气体或蒸气导致爆炸性环境的风险。最后，只要消除所有点火源，就能防止爆炸性空气被点燃，但由于点火源有可能被人意外带入，所以这一策略也面临一定挑战。

为了降低爆燃风险，可以将敏感物质储存在充分隔离的独立建筑中。作为空间分隔的替代方案，仓库及其附属或独立建筑/围护结构的设计可采用抗损坏的建筑结构。

6.6.1 温度控制

化学品应按照制造商推荐的温度范围进行储存。适当的温度控制对于产品质量至关重要，同时也会关乎这些物质的安全储存。虽然这一要求适用于大多数情况，但某些类型的化学品可能有特殊的需求。

对于储存会因受热而发生分解反应的材料的区域，可能需要使用制冷系统。这些储存区域的温度应保持在远低于自身加速分解温度(SADT)的范围内。此外，对于可能因相分离而形成更不稳定混合物的物质，也应保持在建议的温度范围内。每种化学品的建议温度范围可从制造商或化学品安全技术说明书(MSDS)中获得。

还应尽量避免局部加热或冷却。热敏化学品与加热和冷却盘管、管道、风管及扩散器之间应保持足够的空间隔离。理想情况下，制冷系统应利用不可燃气体为制冷剂，或采用易燃气体间接膨胀的制冷系统，供暖系统应使用热水、低压蒸汽或间接加热的暖风加热系统。

除了制冷和供暖系统提供的常规温控，还应考虑安装独立的温度报警器。低温和高温限位开关应连接至设施的报警系统，以提供更可靠的温度监控。最后，在电力对温度控制至关重要且主电源不可靠的情况下，应考虑配备应急发电机。暴露于火灾高温中的敏感化学品可通过自动喷水灭火系统的喷水降温。其中包括易燃液体单体，如丙烯腈和Ⅳ级氧化剂。设计合理的灭火喷淋系统可以有效冷却暴露于火灾的容器，具体内容将在第7章中进行详细讨论。对于分解温度低于喷淋水温度的物质(如某些冷藏有机过氧化物)，不适合使用喷淋保护，因为水流的喷洒可能引发或加速分解反应。根据化学品的相容性，气体或干粉灭火剂可能比水更为合适。

具有低热分解起始温度的物质可能导致“着火区域”迅速扩大，从而使喷淋系统超负荷运行。因此，在这些材料之间设置通道形式的空间分隔至关重要。

6.6.2 气体与蒸气控制

当封闭空间内存在足够的易燃气体或蒸气，且其浓度超过易燃下限(LFL)时，便会形成爆炸性环境。此时，易燃气体和蒸气的浓度若略高于化学计量浓度(c_{St})的比例充满封闭空间，爆燃的风险会最为严重。然而，值得注意的是，爆炸性环境的形成并不需要整个封闭空间都处于可燃范围，仅需部分空间达到可燃浓度，此时就会存在爆炸性环境。在储存区域中，压缩气体、液化气体或易燃液体若意外从气瓶或容器中泄漏，也会带来风险。此外，易燃液体必须在封闭空间内以足够速率蒸发并释放蒸气，方可形成易燃气体环境。在火灾情况下，容器因内压过大可能剧烈破裂，迅速释放易燃蒸气云。而在储存区域，气瓶或容器的泄漏通常是由物理损坏或压力积聚引起的。

仓库区域不应进行灌注、分配或取样等操作，应采取措施处理受损或泄漏的容器。第9.6节将详细讨论意外溢漏响应。

加压易燃气体的容器一般应置于户外开阔场地，并加装顶棚以抵御恶劣天气。若无法户外储存，则需借助被动式或主动式通风系统来防止易燃气体或蒸气积聚，但控制程度有限。因为大量的气体或蒸气泄漏可能会超出常规通风系统的处理能力，可能导致危险浓度的出现。

被动式通风系统(又称重力或自然通风型)依赖对流和风力来驱动空气流动；主动式通风系统则采用机械通风，提供的通风效果往往更为可靠。通风系统的布局应根据储存气体或液体的物理特性进行设计。比空气轻的气体会在封闭空间内上升，应在封闭空间顶部进行通风。相反，比空气重的气体和蒸气则需要在低处进行通风排放。

只要天花板或地面设有充足的通风口或百叶窗，自然通风便能满足需求。合理的设计能确保气流顺畅地掠过地面或天花板，同时提供足够的外部新鲜空气补给。排气口应朝外设置，远离进气口、其他开口区域以及压缩机等设备。若自然通风无法达到要求，则需采用机械通风系统。对于涉及易燃液体转运的场景，机械通风系统通常的风量设定在0.075~0.60$m^3/(min \cdot m^2)$之间；而在沟渠、集水坑或其他类似收集区域，可能还需进一步提高风量。

如有必要，可安装可燃气体检测系统作为早期预警机制。

6.6.3 点火源

若存在爆炸性环境，可以通过消除和控制所有潜在的点火源来防止起火。在可能形成爆炸性环境的区域内，应严禁使用明火、不符合标准的电气设备和工业车辆。在某些情况下，分解反应或极端温度下的接触也可能引发自燃。第3章中提供了更多关于控制点火源的信息。

6.6.4 空间隔离

适当的空间隔离是减轻常规火灾蔓延或爆燃影响的一种有效且经济的手段。若空间足够大，爆燃过程中产生的热能、压力波以及抛射物可以得到有效分散，从而减少对人员和重要建筑物的威胁。(NFPA 430和NFPA 43B对装有Ⅳ类氧化剂和Ⅰ类有机过氧化物制剂的独立建筑提供了具体的空间分隔建议。)

6.6.5 抗灾建筑结构

当无法提供足够的空间隔离时，可以通过抗灾建筑结构来防止爆燃对仓库附近区域造成严重损害。这种爆燃减缓措施包括以下设计：

- 无围堵结构(例如，无墙壁)；
- 所有墙体均为泄压型；
- 所有墙体均为抗爆型；
- 泄压型和抗爆型墙体的组合。

设计和建造得当，抗爆墙和抗爆门能够承受爆燃的冲击力。同时，泄压墙能够排放气体，并将内部压力控制在损害阈值以下。虽然抗灾建筑结构能够有效抵御爆燃，但并不能防止或减少封闭空间内人员的伤害。此外，所谓减灾建筑，可以对抗爆燃，但对爆炸类型的爆轰无效。减灾建筑结构的设计并非精确科学。目前有两种被广泛认可的设计方法，分别在《爆燃通风防爆标准》(*Standard for Venting of Deflagrations*，NFPA 68)和工厂互助保险公司防损数据表“减灾建筑结构”中有详细说明。这些标准适用于易燃气体及易燃、可燃液体。有关有机过氧化物制剂的具体标准，请参阅 NFPA 43B。

并非所有具有爆燃可能性的物质都需要采取减灾建筑结构，尤其是在涉及危险品储存时。例如，一些保险公司认为，封闭容器中储存 IA 类液体的爆燃潜力不足以要求额外的保护措施。NFPA 认为，在不利条件下，封闭容器中储存的 IA 类液体[1gal(3.8L)及以上容器]存在爆燃风险。

具有抗爆和泄压功能的建筑或围护结构应由具备相关专业知识的工程师设计，施工应由具有资质的承包商完成。且所使用的通风口和泄压装置需是已列出或认可用于此用途的产品。

图 6-12 展示了包括空间隔离和减灾建筑结构的不同建筑布局方案。

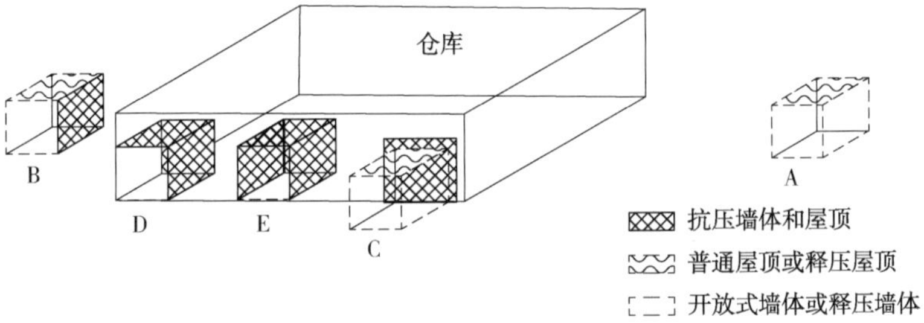

图 6-12　采用适当的空间隔离或减灾建筑结构及爆燃通风进行爆燃减灾

注：针对可能发生爆燃现象的区域，优先选址顺序如下：

A：与仓库有足够空间隔离的独立建筑，四周无墙体或释压墙，采用普通或释压型屋顶。

B：与仓库无足够空间隔离的独立建筑，三面无墙体或释压墙，面向仓库一侧为抗压墙，采用普通或释压型屋顶。

C：与仓库相连的建筑，三面无墙体或释压墙，面向仓库一侧为抗压墙，采用普通或释压型屋顶。

D 和 E：仓库内外墙上的围护结构，采用释压型外墙，抗压型内墙和屋顶。

6.7　自然灾害减灾

如果仓库所在地易受一种或多种自然灾害的影响，可以通过设计相应的功能来减轻这些灾害带来的危害。这些设计措施有助于减少或消除地震、洪水、雷击、风暴或飓风等自然灾害的潜在损失。本节讨论的设计和建设方案不仅适用于新建设施，在很多情况下也适用于现有设施。

6.7.1 地震

抗震设计具备以可控方式消散或吸收地震释放能量的功能。然而，即使采用了抗震功能，由于地震的不可预测性，所以无法保证建筑结构能够完全抗震。美国目前使用的三种主要建筑规范中，均包括针对抗震构筑物设计的规定。这三种规范的规定较为相似。其中，《统一建筑规范》(*the Uniform Building Code*)是美国应用最广泛的抗震设计标准。该规范中关于结构设计的参数，是根据地震区的划分、场地特征(土壤条件等)，使用性质特征、建筑物的功能要求、结构配置及结构系统分类等多种因素综合确定的。表 6-11 列出了针对仓库结构、储存货架、消防喷淋系统及建筑公用设施等部分的抗震减灾设计示例。

表 6-11 地震减灾措施

仓库结构	提供仓库结构框架系统的抗震设计，可选择以下四种类型之一： • 承重墙系统； • 建筑框架系统； • 抗震框架系统； • 双重系统
储存货架	• 使用更大的底板将货架立柱固定在混凝土地面上。 • 加固立柱与横梁的连接处。 • 将立柱的数量增加 1 倍。 • 在货架上标明质量限制，且不得超过允许的最大质量。 • 避免货架顶部重心过高或上层托盘双层堆放。 • 将最具危险性的材料存放在较低层
消防喷淋系统	• 管道使用柔性接头和旋转接头。 • 为穿越墙壁、地板和地基的管道提供足够的间隙。 • 提供横向和纵向的防晃支架。 • 使用柴油驱动消防泵。 • 地下管道使用 PVC 材质
建筑公用设施	• 为燃气供应管道安装地震触发切断阀。 • 将建筑单元加热器及相关管道置于建筑物外部。 • 提供电力服务的远程切断功能

6.7.2 洪水

洪水减灾措施可以分为永久性、临时性和紧急性保护措施三类。永久性措施是仓库设计或场地布局的固有组成部分，不需要人为干预即可发挥作用。临时性保护措施可靠性较差，因为依赖人为干预并需要足够的预警时间。效果最差的响应措施是紧急保护措施，这种措施往往需要大量的人工干预和预警时间。

设计时应考虑洪水作用力可能会使仓库结构一侧承受流体静力不平衡。可能承受这些力影响的屏障包括地面和墙壁。此外，还应考虑与流动水相关的水动作用力。表 6-12 提供了可以用于永久性保护、临时性保护和紧急性保护的洪水减灾措施示例。

表 6-12 洪水减灾措施

永久性保护	• 将仓库最低楼层及通道道路设计在基准洪水水位之上。 • 建造足够安全高度的土堤或混凝土防洪墙
临时性保护	• 提供防水封闭设施。 • 采用防洪门。 • 采用防洪屏障覆盖门窗。 • 在地面排水管和下水道上安装手动操作的止回阀
紧急性保护	• 移除需要特殊处理的储存货物，特别是吸湿性或遇水反应的物品以及需要冷藏的物资。 • 将不需要特殊处理的储存货物转移到高处，如上层楼层或钢制储存架的上层。 • 使用沙袋封堵仓库开口或场地开口

6.7.3 雷击

根据雷击造成的损失风险，可能需要为仓库安装防雷系统以防止损害。评估风险的方法见《雷击保护系统安装标准》(*Lightning Protection Systems*，NFPA 780)。该标准还概述了用于建筑物雷击保护的各种设计方案，包括避雷针、接闪器、接地端子和相关配件。如果没有防雷系统，建筑物本身可能需要对建筑钢材进行接地处理。

6.7.4 风暴、飓风、龙卷风

将建筑抗风功能纳入仓库设计中，可以减少强风对仓库造成的损害。尽管建筑物的任何部分都有可能被强风损坏，但历史损失数据表明，大多数损失都与屋顶损坏相关。而这种损坏通常是由于屋顶设计或施工不当所致。估算建筑物设计风力的方法可以参见 FM(工厂互助保险公司)损失预防数据表“建筑物及其他构筑物上的风力”。

基于 FM 方法的设计可以有效应对飓风级别的风暴，并能抵御藤田龙卷风风力强度 F-2 级及以下的风力。

表 6-13 列出了包括与屋顶相关的风暴减灾措施示例。

表 6-13 风暴减灾措施

永久性保护	
新建仓库	• 避免选择位于或邻近大面积开阔平坦区域或易受飓风/强风影响的区域。 • 在飓风易发地区使用结构性混凝土屋顶。 • 按照 UL《屋顶材料与系统目录》或 FM《审批指南》及相关 FM 数据表设计安装保温钢板屋顶。 • 避免使用大面积玻璃；采用实体墙或窄型窗户。 • 在屋顶防雨板下或平行于防雨板的位置使用连续的挂钩条，并牢固固定于建筑物上
既有仓库	• 使用额外的机械屋顶紧固件加固保温钢板屋顶。 • 在屋顶防雨板下方或平行于防雨板的位置使用连续的挂钩条，并牢固固定于建筑物上。 • 使用聚碳酸酯、丙烯酸或夹层玻璃等抗破损玻璃替代普通玻璃
临时性保护	• 使用飓风百叶窗覆盖窗户。 • 将储存物品用垫木抬离地面，减少水灾风险

6.8 安保功能

为了防止未授权人员进入仓库进行盗窃或从事其他非法或破坏性活动，可能需要采取特定的安全措施。此外，也可能需要限制员工进入存放有毒或潜在危险物料的区域。安保设施的类型和范围应根据未授权进入的风险评估来确定。门锁、报警系统、闭路电视系统（CCTV）等安保设施的设置不应妨碍必要的逃生通道。

表 6-14 列出了被动式和主动式安保设施的示例。

表 6-14 安保功能（方案）

被动式防护	• 外部照明。 • 外部围栏。 • 缓冲区。 • 窗户栏杆。 • 防盗天窗。 • 门锁
主动式防护	• 保安服务。 • 警报保护，可在本地和/或中央控制站发出警报： ○ 门窗接触式感应器； ○ 门窗触点； ○ 玻璃破碎探测器； ○ 光电探测器； ○ 门禁卡系统； ○ 动态探测器； ○ 红外线探测器； ○ 声音探测器； ○ 闭路电视监控

6.9 户外储存

由于质量控制或风险管理问题，许多货物不适合在户外储存。这些货物可能需要存放在受控环境中并采取建筑保护措施，而这些条件只有在封闭仓库内才能实现。

然而，某些具有特定属性的货物可能更适合于户外储存。例如，如果将装有有毒气体的钢瓶存放在封闭仓库中，一旦泄漏就可能会带来无法接受和无法管理的风险。

如果计划进行户外储存，应考虑提供相关功能。这些功能在本指南中有详细说明，适用于如环境、火灾或安全等方面的风险管理。表 6-15 提供了美国消防协会关于“特定货物”户外储存建议参考。

表 6-15 户外储存参考

货物类型	美国消防协会规范或标准
气溶胶产品	NFPA 30B
便携式气瓶中的压缩气体和液化气体	NFPA 55
环氧乙烷	NFPA 560
易燃液体和可燃固体	NFPA 30
液体与固体氧化剂	NFPA 430
一般货物、塑料、弹性体和橡胶	NFPA 231

参 考 文 献

American Society for Testing and Materials, "Fire Tests of Door Assemblies." ASTM E152, Philadelphia, PA, 1990.

American Society for Testing and Materials, "Standard Methods of Fire Tests of Building Construction and Materials." ASTM E119, Philadelphia, PA, 1988.

American Society for Testing and Materials, "Standard Test Method For Fire Tests of Through-Penetration Fire Stops." ASTM E814, Philadelphia, PA, 1983.

American Society for Testing and Materials, "Standard Test Method for Determining Effects of Large Hydrocarbon Pool Fires on Structural Members and Assemblies." ASTM E1529, Philadelphia, PA, 1993.

Building Officials & Code Administrators International, Inc., "The BOCA National Building Code." Country Club Hills, IL, 1993.

Building Officials & Code Administrators International, Inc., "The BOCA National Fire Prevention Code." Country Club Hills, IL, 1993.

Building Officials & Code Administrators International, Inc., "The BOCA National Mechanical Code." Country Club Hills, IL, 1993.

Building Officials & Code Administrators International, Inc., "The BOCA National Plumbing Code." Country Club Hills, IL. 1993.

Factory Mutual Engineering Corporation, "Damage-Limiting Construction." Loss Prevention Data Sheet 1-44, Norwood, MA, July, 1991.

Factory Mutual Engineering Corporation, "Drainage Systems for Flammable Liquids." Loss Prevention Data Sheet 7-83, Norwood, MA, March, 1991.

Factory Mutual Engineering Corporation, "Storage of Class 1, 2, 3 , 4 and Plastic Commodities." Loss Prevention Data Sheet 8-9, Norwood, MA, September 1993.

Factory Mutual Engineering Corporation, "Wind Forces on Buildings and Other Structures." Loss Prevention Data Sheet 1-7, Norwood, MA, April 1983.

Industrial Risk Insurers. "Fire Walls, Fire Barriers and Fire Partitions." IRInformation IM. 2. 2. 1, June 1, 1992.

International Conference of Building Officials, "Uniform Building Code." Whittier, CA, 1994.

International Conference of Building Officials, "Uniform Fire Code." Whittier, CA, 1994.

International Conference of Building Officials, "Uniform Mechanical Code." Whittier, CA, 1994.

International Conference of Building Officials, "Uniform Plumbing Code." Whittier, CA, 1994.

Midwest Plan Service, "Designing Facilities for Pesticide and Fertilizer Containment." Ames, IA, 1991.

National Fire Protection Association, "Flammable and Combustible Liquids Code." NFPA 30, Quincy, MA, 1996.

National Fire Protection Association, "Code for the Storage of Organic Peroxide Formulations." NFPA 43B, Quincy, MA, 1993.

National Fire Protection Association, "Guide for the Venting of Deflagrations." NFPA 68, Quincy, MA, 1994.

National Fire Protection Association, "National Electric Code." NFPA 70, Quincy, MA, 1996.

National Fire Protection Association, "Standard for Fire Doors and Fire Windows." NFPA 80, Quincy, MA, 1995.

National Fire Protection Association, "Life Safety Code." NFPA 101, Quincy, MA, 1997.

National Fire Protection Association, "Standard for Emergency and Standby Power Systems." NFPA 110, Quincy, MA, 1996.

National Fire Protection Association, "Guide for Smoke and Heat Venting.", NFPA 204M, Quincy, MA, 1991.

National Fire Protection Association, "Standard on Types of Building Construction." NFPA 220, Quincy, MA. 1995.

National Fire Protection Association, "Standard Methods of Fire Tests of Door Assemblies." NFPA 252, Quincy, MA, 1995.

National Fire Protection Association, "Code for the Storage of Liquid and Solid Oxidizers." NFPA 430, Quincy, MA, 1995.

National Fire Protection Association, "Standard for the Storage, Handling, and Use of Ethylene Oxide for Sterilization and Fumigation." NFPA 560, Quincy, MA, 1995.

National Fire Protection Association, "Lightning Protection Systems." NFPA 780, Quincy, MA, 1993.

Nguyen, Duy T. and Michael F. Broder, Cathy L. McDonald and Eugene Zarate, "Protective Secondary Containment from Pesticides and Fertilizer." *Journal of Protective Coatings and Linings*, July 1995.

Southern Building Code Congress International, Inc., "Standard Building Code." Birmingham, AL, 1994.

Southern Building Code Congress International, Inc., "Standard Fire Prevention Code." Birmingham, AL, 1991.

Southern Building Code Congress International, Inc., "Standard Mechanical Code." Birmingham, AL, 1991.

Southern Building Code Congress International, Inc., "Standard Plumbing Code." Birmingham, AL, 1991.

Southern Building Code Congress International, Inc., "Standard Gas Code." Birmingham, AL, 1991.

Tabar, David C., "Construction and Containment Design Considerations for Hazardous Materials Warehousing." *Spray Technology and Marketing*, September, 1996.

Tabar, David C., "Environmental and Construction Design Considerations for Hazardous Material Warehousing," AIChE Loss Prevention Symposium, Boston, MA, August 1, 1995.

Underwriters Laboratories Inc., "Fire Tests of Door Assemblies." UL 10B, Standards for Safety, September 28, 1992.

Underwriters Laboratories Inc., "Rapid Rise Fire Tests of Protection Materials for Structural Steel." UL 1709, Standards for Safety, February 27, 1991.

补 充 阅 读

Aldinger, T. I., "Designing Secondary Containment and Other Concrete Structures to Optimize Coatings Performance."

Journal of Protective Coatings and Linings, August 1992.

Aldinger, T. I. and B. S. Fultz, "Selecting Coatings and Linings for Concrete in Chemical Environments." *Journal of Protective Coatings and Linings*, August 1992.

AIA Research Corporation. "Design Guidelines for Flood Damage Reduction." Federal Emergency Management Association FEMA-15, Washington, DC, October 1981.

"Concrete Construction Annual Reference Guide." Concrete Construction Publications, Inc., Addison, IL.

"Cracks in Concrete: Causes and Prevention." Concrete Construction Publications, Inc., Addison, IL.

Federal Emergency Management Agency, "Floodproofing Non-Residential Structures." FEMA-102, May 1986.

Ilaria, Joseph, "Prolong the Life of Concrete." *Chemical Engineering Progress*, July 1995.

Lathrop, James K., "Life Safety Code Key to Industrial Fire Safety." *NFPA Journal*, 88(4), 36, July/August 1994.

McGovern, G. J. and P. T. Vatala, "Storing Hazardous Materials." *NFPA Journal*, 88(5), 71, September/October 1994.

7 消防系统

7.1 概述

化学品仓库一旦遭遇火灾，其后果可能极其严重，不仅会威胁到人员的生命安全，还会对环境造成破坏，导致财产损失，并影响业务的正常运营。为了让火灾防范策略行之有效，首先需要充分了解这些潜在的严重后果。有两种基本策略可供设计和运营化学品仓库的人选择：一种策略是安装固定的消防设施；另一种策略是不设置固定消防设施，依靠防火墙或空间隔离来遏制火势蔓延。第二种策略只适用于某些情况。具体选择哪种策略，需依据其管理理念以及当地主管部门的具体要求。

消防系统的作用在于控制、抑制或扑灭火灾，以减轻其造成的危害。为了确保这一策略的有效实施，在仓库设计阶段以及整个运营过程中，必须考虑与火灾严重程度相关的诸多问题，包括货物的火灾危害性及储存布局等。火灾报警系统能够及时预警，为仓库内的人员疏散提供支持，同时向应急响应人员及仓库管理人员发出警报。特别是在采用火灾控制策略时，这一点显得尤为重要。此外，通过严格控制点火源，可以进一步降低火灾隐患。

化学品仓库通常不能采用手动灭火作为主要消防策略。因为有可能还来不及采取有效的手动灭火措施，火势就已经失控，进而对消防员构成极大威胁。此外，人工灭火所需的水量往往远超自动系统，增加了消防废水的处理难度。

7.2 储存考虑事项

火灾在整个储存区的蔓延情况受到多种因素的影响，包括货物本身的固有火灾危害、储存高度、储存布局等。货物的固有火灾危害等级可以按第 2 章中讨论的各种货物分类系统划分。

对于设有消防保护的仓库，喷水系统的设计标准需根据储存的高度进行制定。储存高度越高，设计标准越严格。此外，当储存物品与天花板喷头之间的距离较大时，由于天花板喷头反应较慢，且水流需穿越炽热的燃烧气体，行进距离更远，因此火势可能会更为猛烈。

在火灾发生时，相较于物料堆叠或托盘式储存方式，开放式钢架让物料暴露的面积更大且堆垛更稳固。因此，在相似条件下，采用货架储存方式可能会引发更为严重的火灾。特别是在多排货架区域，火势在水平方向蔓延会更为迅猛。而单排和双排货架之间存在通道，这些通道有时能够在一定程度上起到防火隔断的作用，阻止火势的蔓延。

货架内部设置的防火分隔由水平和垂直屏障组成，可以与货架通道内的喷头相结合使用。这种组合方式有助于减小火灾规模，使火灾更易于控制、抑制或扑灭，且需要的喷头数量较少。这些分隔能够有效阻挡火势沿着货架水平方向和向上蔓延，使喷头能够更快地发挥作用。此外，这种设计还能减少消防废水，降低物品损失。

与需要人工搬运的仓库相比，自动化仓库存在一些特殊的情况，其货架通常更高，因此防火难度更大，需要特别的保护措施。由于自动化仓库强调自动化操作，可能存在无人值守的情况，导致无法及时发现火灾。此外，自动货架检索系统可能会不慎将正在燃烧或泄漏的物品移动到仓库的其他区域。因此，在发生火灾时，应确保这些设备能够自动停止运行。

7.3 火灾控制、抑制和灭火系统

火灾控制、抑制或灭火系统能够提高生命安全，将仓库及其库存的火灾损害降至最低，同时防止化学品泄漏，对人类健康和环境造成危害。化学品泄漏物包括储存的实际物料、消防废水以及燃烧、分解或不良反应产生的产物。

当火灾被保护系统限制在相对较小的区域时，火灾就被视为受控。如果保护系统能将火灾限制在更小的区域，则火灾被视为已得到抑制，这是更高程度的控制。只有在人工灭火成功或者火灾在起火源区域自行熄灭后，火灾才被认为已完全扑灭。当燃烧过程完全终止时，火灾才算真正熄灭。

通常情况下，如果系统仅设计少量喷头用于火灾控制或抑制，消防废水的收集和处理工作将会减少，且货物损失也会相对较小。然而，某些货物配置可能需要更多的喷头才能实现预期的控制或抑制火灾效果。

选择火灾保护方法(即提供火灾控制、抑制或灭火系统)，还是放弃固定式消防系统会受到多个因素的影响。在做出决策时，必须综合考虑当地主管部门、潜在的社区或环境暴露、投资风险、保险因素以及业务连续性等方面。如果没有可靠的固定式消防系统，就要依赖于分隔和空间隔离来限制火灾蔓延。防火墙的选择及空间隔离的设计内容在第 6 章中已有进一步讨论。表 7-1 列出了在化学仓库中实现火灾控制或抑制的主要消防剂和系统。

火灾蔓延的速度以及消防系统的控制、抑制或灭火能力，取决于多个变量。这些变量包括点火源、货物的物理和燃烧特性、包装类型、储存安排、仓库布局与建筑结构特点，以及消防系统的设计参数。

在选择消防剂和系统时，必须考虑多个关键因素，包括其有效性、局限性、优点、可靠性、成本以及是否满足控制、抑制或扑灭火灾的目标需求。

表 7-1 化学品仓库常见的火灾保护剂和系统

消防剂	系统
水	• 自动闭式喷头： ○ 湿； ○ 干； ○ 预作用。 • 自动大流量喷头
低膨胀泡沫 蛋白泡沫和氟蛋白泡沫 水性成膜泡沫(AFFF) 成膜氟蛋白泡沫(FFFP)	• 自动大流量喷头 • 自动闭式喷头 • 自动大流量喷头
中高膨胀泡沫	• 全淹没
气体消防剂	• 全淹没
干粉	• 全淹没
可燃金属消防剂	• 人工施用

7.3.1 火灾控制

通过自动喷淋系统使用“喷雾喷头”，可实现对多种危险化学品引发火灾的控制。喷头直接作用于火灾起始点及其周围区域，喷出的水可熄灭燃烧的物质，并淋湿周围的货物，从而防止或减缓火灾的蔓延。这种方法对吸水性较强的物质(如纸箱包装的商品)最为有效。对于容器或桶装的易燃和可燃液体等其他货物，喷头通过冷却来防止容器内超压和容器破裂。

然而，如果火势很大，对流上升气流可能会阻止水滴到达火源，所以货物会继续燃烧，直至烧尽或手动扑灭。直接在火灾及其周围区域喷洒的喷头能够降低天花板温度，从而降低火灾对仓库结构的损坏。然而，涉及某些危险化学品的火灾可能无法使用水基喷淋系统进行控制。

7.3.2 火灾抑制

某些货物在特定的储存配置下，如果采用早期抑制快速响应(ESFR)喷淋系统，火灾可以得到有效抑制。ESFR 喷头以更大的水滴、更高的喷射速度喷出更多水量。这些快速响应喷头的设计目的是在火灾的热释放速率仍然较低时比普通喷头更早启动。其效果是，启动的喷头数量较少，水流能够渗透到火源，从而达到抑制效果。表 7-2 列出了关于水作为消防剂的一些选择参数。

除了 ESFR 喷头，安装在天花板高度的快速响应货架内置喷头可以大大减少为实现火灾控制或抑制所需的喷头总数。在极端情况下，分隔货架并为每个隔间配备架内喷头，可以阻止火灾蔓延到相邻的货架或隔间。

表 7-2 水*

保护机制	适用于涉及以下物品的火灾	不适用于涉及以下物品的火灾	局限性	优点
• 冷却； • 预湿周围物品； • 在某些条件下蒸汽惰化； • 在某些条件下稀释水溶性(可溶)易燃和可燃液体	• 气溶胶产品； • 硝酸铵； • 便携式气瓶中的压缩气体和液化气体； • 在某些条件下的易燃和可燃液体； • 液体与固体氧化剂； • 一般货物、塑料、弹性体、橡胶； • 有机过氧化物制剂	• 与水发生爆炸性反应的物质； • 与水接触时自燃或释放有毒或易燃气体的物质； • 金属	• 在 32℉(0℃)以下冻结； • 导电； • 可能对货物造成水害； • 可能携带水溶性化学品； • 与某些化学品产生反应	• 成本低； • 容易获取； • 对环境无害； • 无毒； • 优越的热力学性能

* 以水滴或喷雾形式存在。

托盘式或实心堆叠的储存货架可以通过天花板安装的喷淋系统进行保护。根据储存条件和系统设计，储存货架阵列也可以通过天花板安装喷头或天花板安装与仓内喷头结合的系统来保护。表 7-3 提供了关于“特定货物”喷头设计标准的美国消防协会参考，包括水和低膨胀泡沫。

表 7-3 喷淋系统设计标准参考

货物类型	美国消防协会规范或标准
气溶胶产品	NFPA 30B
硝酸铵	NFPA 490
便携式气瓶中的压缩气体和液化气体	NFPA 55
环氧乙烷	NFPA 560
易燃和可燃液体	NFPA 30
液体与固体氧化剂	NFPA 430
一般货物、塑料、弹性体、橡胶	NFPA 13、NFPA 231、NFPA 231C
有机过氧化物制剂	NFPA 43B

喷淋系统既可利用公共水源、私有水源，也可结合两者进行供水。在这两种供水模式下，往往还需兼顾为消防水带提供水源，这对于用于火灾控制的喷淋系统尤为重要。公共水源通常会通过消防泵进行增压，这些消防泵的动力来源多为柴油机或电力。私有系统则一般依赖自动消防泵从水箱、蓄水池或河流等自然水体中取水。所选水源需充分满足喷淋系统的水力需求，并确保具备足够的持续供水能力和可靠性。在某些情况下，为了进一步提升系统的可靠性，尤其是在公共水源不稳定的区域，可能还需要设置两个水源。消防泵应具备自动启动功能。如果电力供应不可靠，则应采用柴油消防泵。

地面排水系统能够遏制易燃和可燃液体在仓库地面的扩散，缩小火灾的波及范围。若缺乏围堵或排水机制，流出的液体可能会成为火灾的次生灾害。这些液体可能包括自动喷淋系统释放的水以及火灾中产生的其他物质。此外，即使仓库未配备自动喷淋系统，也必须考虑到消防员使用消防水带灭火时可能产生的废水。实际上，人工控火往往需要大量用水，从而导致更多水流出。围堵与排水系统已在第 6 章中进行了深入探讨。

7.3.3 灭火

针对特定货物，采用喷淋系统释放低膨胀泡沫剂可以成功灭火。一般将泡沫剂与水以 1%、3%或 6%的比例混合形成低膨胀泡沫，经搅拌后与空气接触，生成微小气泡群，其体积膨胀率最高可达 20 倍。此泡沫水喷淋系统已广泛应用于常规货物以及易燃与可燃液体的集装箱式储存。泡沫水的冷却效能与水相当，均对一般货物有润湿作用。此外，泡沫水能有效扑灭液池火，同时对暴露的容器进行冷却。

然而，低膨胀泡沫系统因其维护要求较高，相较于纯水系统，其可靠性略逊一筹。但该系统的一大优势在于，当泡沫剂耗尽时，可实现“仅排水”，这在中高膨胀泡沫系统中并不常见。此外，喷淋密度可设计为超过闭式泡沫水系统的最低推荐值，这样有可能提高火灾控制的成功率。

中高膨胀泡沫剂在应对某些货物时同样表现出有效的灭火性能。将泡沫剂与水按比例混合后形成中高膨胀泡沫剂，在与空气搅拌后形成密集的小气泡群，其浓度一般为 1.5%～2%。中膨胀泡沫的体积膨胀率介于 20～200 倍之间，而高膨胀泡沫膨胀率则在 200～1000 倍之间。当与水喷淋系统协同作用时，高膨胀泡沫能与一般货物产生良好的协同效应。表 7-4 详细列出了选用低、中、高膨胀泡沫剂的参考指标。

表 7-4 泡沫剂

保护机制	适用于涉及以下物品的火灾	不适用于涉及以下物品的火灾	局限性	优点
低膨胀				
• 降低液体燃料产生的蒸气量； • 隔离燃料与空气； • 冷却； • 防止辐射反馈	• 易燃和可燃液体溢漏； • 一般货物	• 与水或泡沫剂反应的物质； • 金属	• 对涉及压力或溢漏的火灾扑灭效果较差； • 导电； • 排出后需清理	• 防止燃料复燃； • 用作一般货物的湿润剂； • 无毒
中高膨胀				
• 降低液体燃料产生的蒸气量； • 隔离燃料与空气； • 冷却燃料； • 防止辐射反馈； • 提供蒸汽的惰性空气环境	• 易燃和可燃液体； • 一般货物	• 与水或泡沫剂反应的物质； • 金属	• 对涉及压力或溢漏的火灾扑灭效果较差； • 导电； • 排出后需清理； • 可能导致方向迷失或呼吸困难	• 防止燃料复燃； • 用作一般货物的湿润剂； • 与水基自动喷淋系统联用时具有协同效应； • 无毒

全淹没式灭火气体剂对某些货物也能实现有效灭火。为确保这些气体剂能够成功灭火，构建一个基本气密性的封闭环境至关重要，此环境需维持气体浓度在推荐的最低安全阈值之上，以有效抑制火势。表 7-5 列举了与选用气体灭火剂相关的关键参数。

表 7-5 气体灭火剂

保护机制	适用于涉及以下物品的火灾	不适用于涉及以下物品的火灾	局限性	优点
二氧化碳				
惰性冷却(直接施用灭火剂)	• 一般货物； • 易燃和可燃液体； • 易燃气体； • 不提供自身氧气来源的物质； • 最好不产生因喷淋造成液体流出的货物； • 电气火灾	• 某些金属； • 金属氢化物； • 硝酸纤维素和氧化剂等产氧物质； • 含农药的硝酸铵肥料(氧化剂)	• 灭火所需的浓度有致命危险； • 全淹没式灭火系统需要密封隔间； • 灭火剂的排放可能对室内人员造成噪声、低能见度及生理影响	• 易于分散； • 不导电； • 自加压灭火剂
IG-541(氮气 52%、氩气 40%、二氧化碳 8%的混合物)				
惰性	• 一般货物； • 易燃和可燃液体； • 易燃气体； • 不提供自身氧气来源的物质； • 最好不产生因喷淋造成液体流出的货物； • 电气火灾	• 某些金属； • 金属氢化物； • 硝酸纤维素和氧化剂等产氧物质； • 含农药的硝酸铵肥料(氧化剂)	• 全淹没式灭火系统需要密封隔间	• 灭火所需的浓度不会立即致命； • 易于分散； • 不导电； • 自加压灭火剂； • 环境友好
HFC-227ea(七氟丙烷)				
化学抑制燃烧链反应	• 一般货物； • 易燃和可燃液体； • 电气火灾	• 金属； • 与七氟丙烷反应的物质	• 全淹没式灭火系统需要密封隔间； • 暴露于火时可能产生腐蚀性副产品	• 灭火所需的浓度不会立即致命； • 易于分散； • 不导电； • 自加压灭火剂

干粉灭火剂对某些货物的灭火效果也非常显著。干粉灭火系统通常可配置为“局部应用系统”。但这种系统也可用作“全淹没式灭火系统”，一般适用于在某些情况下完全封闭的独立小房间。气体灭火剂与干粉灭火剂系统可用于构成第一道防线，并作为水基喷淋系统的补充。表 7-6 系统梳理了干粉灭火剂相关的选择参数，并根据其基本化学成分进行了分类标识。

可燃金属火灾需要采用特殊的干粉化合物灭火剂，用铲子或手持灭火器进行手动施用。这类灭火剂在市场上以多种专有名称销售。表 7-7 列出了与这些灭火剂相关的选择参数，同样依据其基本化学成分进行了明确标识。

表 7-6　干粉灭火剂

类型	保护机制	适用于涉及以下物品的火灾	不适用于涉及以下物品的火灾	局限性	优点
尿素和碳酸氢钾 氯化钾 碳酸氢钾 碳酸氢钠	• 化学抑制燃烧链反应； • 阻断辐射； • 冷却	• 易燃和可燃液体； • 电气火灾	• 一般货物； • 金属	• 对灭火后可能复燃的火灾无效； • 排放过程中能见度差且引起呼吸困难； • 温度限制为 120°F（49℃），否则灭火剂会熔化且无法流动； • 固定系统不适用于大型敞开式仓库； • 排放后需清理粉末	• 对易燃和可燃液体火灾扑灭最有效； • 无毒； • 不导电
多功能或 ABC 型（磷酸一铵）	• 化学抑制燃烧链反应； • 阻断辐射； • 冷却； • 用具有元磷酸层覆盖一般货物	• 一般货物； • 最好不产生因喷淋造成液体流出的货物； • 易燃和可燃液体； • 电气火灾	• 金属； • 次氯酸钙等产生氯的氧化剂	• 对灭火后可能复燃的火灾无效； • 排放过程中能见度差且可引起呼吸困难； • 温度限制为 120°F（49℃），否则灭火剂会熔化且无法流动； • 固定系统不适用于大型敞开式仓库； • 排放后需清理粉末	• 对易燃和可燃液体火灾扑灭最有效的灭火剂； • 无毒； • 不导电

表 7-7　可燃金属灭火剂

保护机制	适用于涉及以下物品的火灾	不适用于涉及以下物品的火灾	局限性	优点
氯化钠基加添加剂				
冷却 隔离燃料与空气	• 铝； • 镁； • 钾； • 钠； • 钠钾合金； • 钛； • 铀； • 锆	• 其他未指明的金属和货物	• 通常不用于自动系统，而是通过人工或灭火器使用	• 无毒
碳酸钠基加添加剂				
冷却 隔离燃料与空气	• 镍（如兰尼镍）； • 钠	• 其他未指明的金属和货物	• 通常不用于自动系统，而是通过人工或灭火器使用	• 无毒

续表

保护机制	适用于涉及以下物品的火灾	不适用于涉及以下物品的火灾	局限性	优点
		石墨基加添加剂		
冷却 隔离燃料与空气	• 铍； • 钙； • 锂； • 镁； • 钾； • 钠； • 钠钾合金； • 钛； • 铀； • 锆	其他未指明的金属和货物	通常不用于自动系统，而是通过人工或灭火器使用	无毒
		铜粉		
冷却 隔离燃料与空气	• 铝； • 锂； • 镁	其他未指明的金属和货物	通常不用于自动系统，而是通过人工或灭火器使用	无毒

7.3.4 灭火器

便携式灭火器涉及用于小型火灾，分为手持式和推车式两种，使用人员应经过正确使用培训，在发生火灾时携带合适类型的灭火器前往现场。表 7-1 中列出了灭火器使用的各类灭火剂。具体使用指导可参考《便携式灭火器标准》(*Standard for Portable Fire Extinguishers*, NFPA 10)。

对于特定灭火设备系统所遵循的 NFPA 标准，详见表 7-8。

表 7-8 消防设备系统

消防系统和相关设备	美国消防协会标准
二氧化碳灭火系统	NFPA 12
离心消防泵	NFPA 20
清洁剂灭火系统	NFPA 2001
闭式泡沫水喷淋系统	NFPA 16A
雨淋泡沫水喷淋系统及泡沫水喷雾系统	NFPA 16
干粉灭火系统	NFPA 17
哈龙 1301 灭火系统	NFPA 12A*
喷淋系统装置	NFPA 13
中高膨胀泡沫系统	NFPA 11A

续表

消防系统和相关设备	美国消防协会标准
便携式灭火器	NFPA 10
私人消防管网及其附属设备	NFPA 24
消防立管和水带系统	NFPA 14
私人消防保护水箱	NFPA 22

* 通常由于“蒙特利尔议定书”不再安装，但系统仍然在用。

7.4 火灾探测与报警系统

火灾探测与报警系统在发生火灾时发挥重要作用，不仅能够实现火灾的即时检测与早期警报，警告仓库人员迅速疏散，还能及时通知应急响应人员及仓库管理人员。此外，该系统还可用于在“报警”条件下自动激活相关设备，如：自动关闭防火门和暴雨水排水阀门。报警系统还可监控消防设备的状态，并能进行值守服务。部分火灾报警控制面板更可作为自动释放系统直接激活包括喷淋系统、预作用系统及全淹没式灭火系统在内的多种灭火系统，实现快速有效的灭火响应。

各类火灾报警系统依据其运作范畴，可细分为“现场型”“专有型”以及接入远程或中央站点的系统。

现场型火灾报警系统直接部署于受保护建筑物内部。其报警信号不向场外传输。此类系统通常整合有铃声、喇叭及闪光灯装置，用于警示建筑物内部人员。如果采用这种系统，发生火灾时，消防部门的响应依赖于建筑物内部人员的报告。

专有型火灾报警系统用于保护一栋或多栋归同一业主所有的建筑物。该系统由同属于同一业主的中心监控站全天候监控。该监控站可能位于建筑物现场或远离现场。中央监控站负责向消防部门发出警报。

远程及中心站火灾报警系统由地方政府机构或专业的私人报警公司负责监控。

市场上有各种各样的火灾探测与启动设备，能够针对热量、烟雾、辐射能量及火灾气体产物进行检测。设备的选型需贴合预期的火灾类型。此外，喷淋系统的水流、其他灭火系统的激活状态以及手动火灾报警“拉动装置”均可用于启动警报信号。

在选择报警器和显示面板时，应考虑仓库的环境条件。例如，环境噪声水平的高低可能会影响声音报警器类型的选择。

中心站服务应获得国家认可实验室的登记或认可。

有关火灾检测和报警系统设计、安装、测试和维护的指导，请参见 NFPA 72。有关检查、测试和维护程序的进一步讨论，请参见第 8 章。

参 考 文 献

National Fire Protection Association, “Standard for Portable Fire Extinguishers.” NFPA 10, Quincy, MA, 1994.

National Fire Protection Association, “Standard for Medium- and High-Expansion Foam Systems.” NFPA 11A,

Quincy, MA, 1994.

National Fire Protection Association, "Standard on Carbon Dioxide Extinguishing Systems." NFPA 12, Quincy, MA, 1993.

National Fire Protection Association, "Standard for the Installation of Sprinkler Systems." NFPA 13, Quincy, MA, 1996.

National Fire Protection Association, "Standard for the Installation of Standpipe and Hose Systems." NFPA 14, Quincy, MA, 1996.

National Fire Protection Association, "Standard for the Installation of Foam-Water Sprinkler and Foam-Water Spray Systems." NFPA 16, Quincy, MA, 1995.

National Fire Protection Association, "Standard for the Installation of Closed - Head Foam - Water Sprinkler Systems." NFPA 16A, Quincy, MA, 1994.

National Fire Protection Association, "Standard for Dry Chemical Extinguishing Systems." NFPA 17, Quincy, MA, 1994.

National Fire Protection Association, "Standard for the Installation of Centrifugal Fire Pumps." NFPA 20, Quincy, MA, 1996.

National Fire Protection Association, "Standard for Water Tanks for Private Fire Protection." NFPA 22, Quincy, MA, 1996.

National Fire Protection Association, "Standard for the Installation of Private Fire Service Mains and Their Appurtenances." NFPA 24, Quincy, MA, 1995.

National Fire Protection Association, "Flammable and Combustible Liquids Code." NFPA 30, Quincy, MA, 1996.

National Fire Protection Association, "Code for the Manufacture and Storage of Aerosol Products." NFPA 30B, Quincy, MA, 1994.

National Fire Protection Association, "Code for the Storage of Organic Peroxide Formulations." NFPA 43B, Quincy, MA, 1993.

National Fire Protection Association, "Code for the Storage of Pesticides." NFPA 43D, Quincy, MA, 1994.

National Fire Protection Association, "Standard for the Storage, Use, and Handling of Compressed and Liquefied Gases in Portable Cylinders." NFPA 55, Quincy, MA, 1993.

National Fire Protection Association, "National Fire Alarm Code." NFPA 72, Quincy, MA, 1996.

National Fire Protection Association, "Standard for General Storage." NFPA 231, Quincy, MA, 1995.

National Fire Protection Association, "Standard for Rack Storage of Materials." NFPA 231C, Quincy, MA, 1995.

National Fire Protection Association, "Code for the Storage of Liquid and Solid Oxidizers." NFPA 430, Quincy, MA, 1995.

National Fire Protection Association, "Code for the Storage of Ammonium Nitrate." NFPA 490, Quincy, MA, 1993.

National Fire Protection Association, "Standard for the Storage, Handling, and Use of Ethylene Oxide for Sterilization and Fumigation." NFPA 560, Quincy, MA, 1995.

National Fire Protection Association, "Standard on Clean Agent Fire Extinguishing Systems." NFPA 2001, Quincy, MA, 1996.

National Fire Protection Association, "Fire Protection Handbook." Eighteenth Edition, Quincy, MA, 1997.

补 充 阅 读

Factory Mutual System, "Approval Guide 1995." Norwood, MA, 1996.

National Fire Protection Association, "Fire Prevention Code." NFPA 1, Quincy, MA, 1997.

National Fire Protection Association, "Guide to the Fire Safety Concepts Tree." NFPA 550, Quincy, MA, 1995.

Underwriters Laboratories, "Fire Protection Equipment 1996." Northbrook, IL, 1996.

8 检查、测试和维护计划

8.1 概述

要使安全、环境及财产防护的系统与建筑构件的可靠性达到最优，可以实施一套全面的检查、测试与维护计划。鉴于很多这些系统与设施在非紧急状态下鲜少启用，其潜在故障或失效可能难以被察觉，唯有通过系统的检查与测试方能发现。

8.2 检查与测试计划

8.2.1 计划目标

检查与测试方案的目标在于确保关键设备和建筑设施能可靠运行。由于大多数与安全相关的设备和建筑设施在紧急情况需要之前都处于闲置状态，其状况与备用状态往往难以通过日常操作来验证。因此，通过定期的检查与测试，能够确保这些设备与功能在关键时刻能够发挥应有作用。

8.2.2 关键设备与建筑特性

如果设备与建筑设施在日常运行中难以察觉是否存在故障，但一旦失效可能导致人员伤亡、环境污染或重大财产损失，则应将其纳入检查与测试计划。以下列举了一些具体实例：

- 火灾探测、报警、控制及抑制系统；
- 个人防护用品(紧急呼吸器、防化服等)；
- 紧急去污与清理装备；
- 制冷系统失效高温报警装置防火墙与防火门；
- 结构安全隐患难以察觉的储存架；
- 工业用车的安全装置；
- 屋顶结构的完整性；
- 防水地面的维护状况。

8.2.3 检查与测试计划要素

检查与测试计划应包括：

- 涵盖整个计划的政策、目的和范围计划责任人的姓名和职务；

- 详尽的设备和部件清单，列明所有受计划覆盖的设备及关键安全设备；
- 检查与测试程序，或引用具体的程序标准；
- 详细的检查与测试记录；
- 定期审核与跟进系统。

“政策声明”应反映管理层对关键设备备用状态达到高标准的承诺，并强调优先开展检查与测试计划。“目的声明”应解释该计划在保障安全、环境保护及财产安全中的独特重要性。“范围声明”应清晰描述纳入该计划的设备和部件类别。

计划应由管理层人员总体负责，同时明确检查与测试执行人员或团队的责任。管理层的职责包括确保计划按照设计执行，确保检查与测试人员经过适当培训并具备相应经验，以及确保为计划提供必要的资源。

设备清单应根据现场具体情况量身定制。上述设备类别应进一步细化，涵盖每一台具体设备和装置，甚至包括单个灭火器、呼吸器和安全淋浴设备。唯有达到如此细致入微的程度，才能最大限度地减少遗漏关键检查的风险。

检查程序的制定应依据法规要求、行业标准(美国消防协会规范和标准，详见表 8.1)、制造商建议及实践经验。程序应明确检查的内容、目的、可接受的结果以及执行频率。维护期间可以通过日志或检查清单确保准确无误。

记录应包括任务内容、执行时间、执行人以及检查或测试结果。

跟进系统应设有“备忘录”文件。该文件处于未关闭状态，直到所有发现的缺陷得到修复且设备备用状态得到确认后才予以关闭。对于关键设备的缺陷，可能需要暂时停用设备，直到修复完成。

部分记录必须依法保存一定期限。在任何情况下均应定期审查记录，识别可能表明需要修订维护计划、设计方案或加大检查频次的反复性故障。相反，若检查结果持续良好，可在符合法定要求的前提下延长检查和测试的间隔时间。在这一过程中，基于可靠性的维护方法是有效的工具。

8.2.4 维护

维护计划旨在预防设备故障和延长设备的使用寿命。对于关键安全设备和部件，预防故障是首要任务，但延长设备寿命同样可以降低故障发生频率，使得设备的整体可靠性得以提高。

预防性维护计划应涵盖政策声明、目的声明与范围声明，以及与检查和测试计划相似的其他要素。

在某些关键安全设备因维护或修理而需要停用时，可能需要采取额外的安全措施，例如：

- 可能需要安排防火巡逻或加强现场巡查。
- 应暂停焊接及其他可能产生火花或火焰的活动(例如工业卡车通行)。
- 应通知消防部门、中央监控站和保险公司相关设备的故障情况。
- 可以临时连接供水管道，以绕过出现故障的部件。

- 减少或停止储存额外的危险品。
- 在灭火器测试或维修期间，应提供备用设备。

8.2.5 维护程序

表 8-1 列出了多种类型的安全和应急设备或系统规范、标准或来源。

表 8-1 安全和应急设备或系统规范、标准或来源

设备或系统	规范、标准或来源
二氧化碳灭火系统	NFPA 12*
离心消防泵	NFPA 25
清洁剂灭火系统	NFPA 2001*
闭式泡沫水喷淋系统	NFPA 25
通信系统	制造商建议
爆燃通风口	NFPA 68
雨淋泡沫水喷淋系统	NFPA 25
干粉灭火系统	NFPA 17*
电气设备	NFPA 70
应急和备用电力系统	NFPA 110 和 NFPA 111
应急照明	NFPA 101
事故溢漏处理设备	制造商建议
洗眼站	ANSIZ 358.1
火灾报警系统	NFPA 72
防火门窗	NFPA 80
地面	制造商建议
热烟通风口	NFPA 204M
雷电保护	NFPA 780
中高膨胀泡沫系统	NFPA 10A*
个人防护用品	制造商建议
便携式灭火器	NFPA 10*
动力工业卡车	NFPA 505
动力通风系统	制造商建议
私人消防供水管道	NFPA 25
制冷系统	制造商建议
屋顶及屋顶排水系统	制造商建议
安保设施	制造商建议
喷淋系统	NFPA 25
消防立管和水带系统	NFPA 25
私人消防水箱	NFPA 25

* 包含充装程序。

参 考 文 献

American National Standards Institute, "Emergency Eyewash and Shower Equipment." ANSI Z 358. 1-1990, New York, NY, 1990.

National Fire Protection Association, "Standard for Portable Fire Extinguishers." NFPA 10, Quincy, MA, 1994.

National Fire Protection Association, "Standard for Medium- and High-Expansion Foam Systems." NFPA 11A, Quincy, MA, 1994.

National Fire Protection Association, "Standard on Carbon Dioxide Extinguishing Systems." NFPA 12, Quincy, MA, 1993.

National Fire Protection Association, "Standard for Dry Chemical Extinguishing Systems." NFPA 17, Quincy, MA, 1994.

National Fire Protection Association, "Standard for the Inspection, Testing, and Maintenance of Water-Based Fire Protection Systems." NFPA 25, Quincy, MA, 1995.

National Fire Protection Association, "Guide for Venting of Deflagrations." NFPA 68, Quincy, MA, 1994.

National Fire Protection Association, "National Electric Code." NFPA 70, Quincy, MA, 1996.

National Fire Protection Association, "National Fire Alarm Code." NFPA 72, Quincy, MA, 1996.

National Fire Protection Association, "Standard for Fire Doors and Fire Windows." NFPA 80, Quincy, MA, 1995.

National Fire Protection Association, "Life Safety Code." NFPA 101, Quincy, MA, 1997.

National Fire Protection Association, "Standard for Emergency and Power Supply Systems." NFPA 110, Quincy, MA, 1996.

National Fire Protection Association, "Standard on Stored Electrical Energy Emergency and Standby Power Systems." NFPA 111, Quincy, MA, 1996.

National Fire Protection Association, "Guide for Smoke and Heat Venting." NFPA 204M, Quincy, MA, 1991.

National Fire Protection Association, "Fire Safety Standard for Powered Industrial Trucks Including Type Designations, Areas of Use, Conversion, Maintenance, and Operation." NFPA 505, Quincy, MA, 1996.

National Fire Protection Association, "Standard for the Installation of Lighting Protection Systems." NFPA 780, Quincy, MA, 1995.

National Fire Protection Association, "Standard on Clean Agent Fire Extinguishing Systems." NFPA 2001, Quincy, MA, 1996.

National Safety Council, *Accident Prevention Manual for Industrial Operations Administration and Programs*, 10th ed. Itasca, IL, 1992.

补 充 阅 读

National Fire Protection Association, "Standard for the Installation of Sprinkler Systems." NFPA 13, Quincy, MA, 1996.

National Fire Protection Association, "Standard for the Installation of Standpipe and Hose Systems." NFPA 14, Quincy, MA, 1996.

National Fire Protection Association, "Standard for the Installation of Deluge Foam-Water Sprinkler and Foam-Water Spray Systems." NFPA 16, Quincy, MA, 1995.

National Fire Protection Association, "Standard for the Installation of Closed - Head Foam - Water Sprinkler Systems." NFPA 16A, Quincy, MA, 1994.

National Fire Protection Association, "Standard for the Installation of Centrifugal Fire Pumps." NFPA 20, Quincy, MA, 1996.

National Fire Protection Association, "Standard for Water Tanks for Private Fire Protection." NFPA 22, Quincy, MA, 1996.

National Fire Protection Association, "Standard for the Installation of Private Fire Service Mains and Their Appurtenances." NFPA 24, Quincy, MA, 1995.

9 应急规划

9.1 概述

全面的仓库风险管理策略，必须包括一份旨在应对紧急情况和潜在损失事故情景的应急预案。该预案应就员工、周围人群、环境、仓库及业务连续性进行风险暴露评估并将风险降至最低。若执行得当，该预案能使小事故不至于演变成灾难。预案初步制定后情况可能会发生变化，因此应定期对预案进行重新评估。

9.2 损失事故情景

潜在的损失事故情景包括火灾、爆炸、化学品泄漏、自然灾害、社会骚乱、纵火、公共设施中断，以及邻近设施发生火灾、爆炸或化学品泄漏等。化学品泄漏可能由容器故障或溢漏引发，也可能是火灾、自然灾害或其他事故造成的后果，涉及化学品本身、化学反应产物、分解物，或火灾时的燃烧产物。

9.3 预案目标

应急预案的主要目标是保护员工、周围人群和环境免受事故影响，并尽量减少财产损失及业务中断。制定应急预案时，还可以发现通过调整储存布局、保护措施、设计或程序进一步降低风险的机会。

9.3.1 员工

应急预案应旨在防止员工及其他建筑物内人员受伤，并尽可能减少对社区的影响。预案应包括仓库所有人员疏散的策略，在发生可能危及健康或安全的事故时能迅速安全地撤离仓库所有人员。同时，还应考虑到紧急医疗响应与服务措施。

9.3.2 周围人群

为了最大限度减少对周围人群的风险，可能需要制定疏散措施。社区疏散计划主要由地方政府和应急响应人员负责，由仓库管理方负责配合。

9.3.3 环境

应特别关注仓库是否位于环境敏感区，尤其是接近水体、含水层或多孔土壤的地方。

水体和多孔土壤会使化学品泄漏扩散的风险加大。关于环境影响的更多内容可见第 5 章。

9.3.4 财产保护和业务中断

应急预案应考虑因化学品泄漏、火灾、风暴、洪水等事件导致的财产损失及业务中断的潜在风险。

9.4 预案的制定

应急预案的制定与定期评估需要各方面协同完成，涉及管理层、运营、配送、维护、辅助服务、应急响应和政府机构等多方单位。方案规划团队应查看其他相关公司与社区的应急预案，以确保协调一致。

新设施的应急规划应在设施建设和投入使用前开始，这样能够更容易发现设计问题。对于现有设施，应定期重新评估预案，因为仓库中的物料类型、储存方式及周边社区发生变化后，可能对潜在损失事故情景产生重大影响。

化学品制造商协会出版的《现场应急响应规划指南》(*Site Emergency Response Planning Guidebook*)提供了有关应急规划过程的更多建议。

9.5 预案要素

9.5.1 政策声明

政策声明应概述与应急预案相关的风险管理理念、承诺、总体职责与目标。

9.5.2 范围与目标

该预案应明确以下内容：

- 按优先级排序的方案目标；
- 预见的损失事故情景；
- 负责实施预案的人员；
- 预案参与者的责任划分；
- 预案的目标受众；
- 负责制定预案的人员；
- 生效日期。

9.5.3 事故前规划

9.5.3.1 风险评估

事件前规划的第一步是根据仓库内所有物料的储存清单进行风险评估。这些信息应纳入第 4 章所述“危害沟通计划”，可供随时查阅。应根据化学品安全技术说明书和货物危害信息(如第 2 章所述)确认储存物料的特性与危害。应确认特殊的危害，以便为应急响应预案做准备。

评估时应考虑可能的损失事故情景，包括来自内部和外部的事件。随后，应评估现有的控制和保护功能，并分析其对每种损失事故情景的减缓效果如何。然后应假设现有控制和保护功能失效，以确定“最坏情况”及其他可能的损失事故情景。最后，应确定每种情景的发生可能性与风险等级。

应定期审查风险评估并在仓库发生重大变化时重新评估。

还应评估仓库附近高危作业等来自仓库外部的隐患，并考虑相应的减缓措施，如：安全间距、防火墙、应急响应方案和互助援助计划。

9.5.3.2 应急响应人员

为减缓“最坏情况”及其他更可能发生的损失场景的影响，及时有效的响应是必要的。

应指定一名应急响应协调员全面负责现场情况，在紧急情况下，职责可能会在某个时间点移交给其他人。例如，发生紧急情况时，仓库管理人员可在地方消防队长抵达现场时将责任转交给消防队长。

应在应急响应协调员的指挥下组建一支指挥链明确的紧急响应小组。小组成员应经过选拔，根据各自的减灾和沟通任务进行培训，具体职责可能包括溢漏物清理、急救、员工疏散与点名、初期火灾响应、消防泵/喷淋控制阀/防火门监控、灭火、消防/应急响应人员沟通、救援等。

外部应急响应人员应在事前考察设施，了解仓库布局、储存安排、相关化学品危害、保护措施及应急预案等。事前规划还应包括向当地医院通报储存的化学品及其危害。

9.5.3.3 资源确定

根据已识别的损失事故情景，预案应规定所需的人力和设备资源(如 9.6 节所述)。

建议在仓库内保留一些设备来应对较小的化学品溢漏事件，尤其是个人防护用品。此外，第 7 章提供了有关初期火灾应对的灭火器类型信息。

对于超出仓库资源能力范围的事件，应将外部应急响应机构(如消防部门、环境与应急管理机构、环境修复公司及互助援助小组)纳入预案。还应考虑设立场外应急协调和沟通控制中心的需求。

若事故可能影响周围社区，应立即通知相关主管部门。若周围人群的密度、敏感性或接近度构成高风险，尤其需要关注，详见第 5 章。

9.5.3.4 疏散

应指导员工何时及如何疏散、离开仓库后在哪里集合，并进行演练。疏散计划应指定一名或多名人员负责确保所有员工已疏散并完成点名。紧急情况发生时可以通过公共广播系统或火灾报警系统通知员工。

9.5.3.5 紧急情况通知程序

应制定一个既涵盖仓库运营内部又涉及外部的紧急通知系统。该系统应包括一份列有联系人姓名和电话号码的名单，其中包括应急响应协调员、应急响应小组成员及公司负责人。名单上应列出所有岗位 24h 联系信息及备用联系人。应说明在什么情况下与相关人员联系。

同时应准备好外部机构的联系名单，说明在什么情况下与这些机构联系，同时说明联系人的岗位与职责。

9.5.3.6 现场安保

预案应包括确保事故发生后维护现场安全和防止未授权闯入的措施。这样不仅可以保护员工和承包商，还能防止在损失调查前篡改现场。

9.5.3.7 培训与评估

应急预案刚投入使用时及发生重大变更时均应进行培训。应通过定期演练来对应急计划进行测试与评估。

9.5.3.8 环境修复

主要的修复活动应包括控制在规定的围堵区域内的大气排气、泄漏或径流，确保有害物质不会进入下水道、多孔土壤或地表/地下水。预案的这一部分不仅应涉及初始围堵行动，还应涵盖事后清理、废物处置和环境恢复。预案中应概述安全的清理方法。

9.5.3.9 公关

公关计划应是全面应急预案中不可或缺的一部分，指定发言人与媒体、公众及相关政府机构保持联系。应急预案应包含媒体联系名单并预先指定媒体集结区。公关计划还应考虑到重大事故发生后现场或场外控制中心可能会接到大量电话。

9.5.4 事故响应

9.5.4.1 形势评估

若出现已造成或可能演变为损失的情况，必须进行风险评估以确定风险等级。评估应重点关注对员工、周边社区及环境的影响。该评估应持续进行，且需要不断监控。为了确保现场协调员能对每种情况作出及时、准确的响应，建议使用检查表或决策树来辅助决策。

9.5.4.2 应急预案的启动

完成情况评估并确定适当的响应措施后，应急响应协调员应开始负责。此时，应根据实际需求启动应急预案的相关措施，例如：紧急通知、资源协调、疏散程序、现场安保、环境修复以及公关管理。在此过程中，最为关键的是确保生命安全、提供紧急医疗救助，以及控制任何化学品泄漏。

9.5.5 事故后活动

当宣布事故已得到控制，且不再存在紧急情况时，应立即展开后续的稳定化和处理工作。此阶段的活动可能包括清理与处置、事故调查/事故重建、现场恢复以及应急预案评估等。

9.6 意外溢漏响应

虽然仓库的安全运营是防止化学品泄漏的第一道防线，但还是应在应急预案中纳入处理溢漏事故的相关措施。每种化学品的危险特性信息可在化学品安全技术说明书(MSDS)中找到，这是法律要求在首次化学品运输时提供的。

9.6.1 规划

预案的溢漏响应部分应包括以下内容：

- 确定针对潜在泄漏后应采取的行动；

- 为每个班次选定并培训组长及溢漏响应小组；
- 采购并配备个体防护装备和溢漏控制物资；
- 对所有仓库人员进行安全意识培训；
- 计划开展演习。

化学品意外溢漏响应方案应根据具体仓库的操作流程、物料种类及数量量身定制。应保持详细的化学品库存记录，并确保准确记录每种化学品的现场存量。每种化学品的危险特性可通过化学品安全技术说明书获得，首批化学品运输时必须同时提供化学品安全技术说明书。响应措施应根据对特定设施中化学品泄漏的危害评估来决定。

方案规划人员应确定设施内发生化学品相关紧急情况的可能性，并对这些可能性进行评估和优先排序。方案应根据这些评估结果逐步完善。

在评估了设施库存中化学品的危险性质后，管理层应审视其应对各种潜在事故的能力，并在响应方案中弥补发现的不足之处。

化学品仓库运营人员应指定专门的溢漏响应小组，确保在发生溢漏时能立即采取行动。小组应由一名组长领导，通常是领班或工厂经理，负责监督响应工作。

应准备好必要的溢漏控制物资，并将其放置在易于迅速转运的手推车或托盘上。典型的溢漏清理物资清单见表 9-1。

表 9-1　典型的溢漏清理物资

吸附材料 • 吸附枕；　• 吸附颗粒； • 吸附片；　• 吸附围栏； • 吸附卷；　• 吸附垫	化学防护服；可燃液体大规模泄漏用防火服
固化剂和中和剂	护目镜
便携式灭火器 • AFFF（泡沫灭火剂）； • 碳酸氢钾干粉灭火剂； • ABC 干粉灭火剂	呼吸器[3] • 有机蒸气型； • 酸性气体型； • 氯气型
铲斗	自给式呼吸器[4]
铁锹	接地电缆及夹具
气动吸尘器[1]	手套
容器、特大桶、提桶等	桶塞
警戒带/标记旗	环氧油灰
塑料测试条及颜色变化指示器	胶带
用于确定危险物质危害的泄漏检测仪器[2]	磁漏保护装置

1. 气动吸尘器必须获得有害化学品使用批准。
2. 用于测定有害化学品浓度的空气采样需要专业培训。
3. 呼吸器的使用详见第 4.5 节，并非所有溢漏情况下都需要使用呼吸器。
4. 自给式呼吸器的使用需要专业培训。

9.6.2 应对有害物质的溢漏

组长和溢漏响应小组的职责包括：

- 疏散该区域人员。只有在采取适当安全措施的情况下，响应小组才可留在该区域。应向员工口头传达撤离指令，最终对现场设置警戒线并张贴标志。现场不得无人看守。
- 穿戴个人防护用品(PPE)。
- 给受影响人员提供急救。组长必须熟悉针对仓库内每种化学品的急救措施，并知道何时需要寻求紧急医疗援助。
- 关闭设备并停止溢漏区域内的作业。
- 切断所有可能引发火灾或爆炸的点火源，如：长明灯及工业卡车活动等。
- 在需要排除区域内蒸气、气体和粉尘时起动通风设备。
- 动用溢漏控制物资并围堵溢漏物。应围堵住进一步泄漏的化学品，之后，应对其进行覆盖。溢漏的液体常用吸附材料进行覆盖，若溢漏的是固体，则通常使用塑料篷布覆盖。
- 向业主和/或管理人员通报意外溢漏的情况，包括：事件地点、发生的性质、损害程度(包括人员伤害、暴露情况、火灾及环境污染)、所涉及化学品的名称及数量。

9.6.3 清理

组长或其他具备资质的人员应负责监督溢漏的清理工作。参与清理的人员必须接受充分的培训，并佩戴适当的防护设备，并在监督下进行作业。每位在场人员应穿戴适当的个人防护用品，必要时戴好呼吸防护装备。应从溢漏的边缘开始清理，切勿允许任何员工进入溢漏物中间。溢漏的物料及所使用的吸附材料应使用铲子或铲具转移至标识明确的容器中。如果溢漏物质存在火灾或爆炸风险，清理时应仅使用经批准的吸尘器及其他动力设备。应视情况按危险废弃物处理溢漏物。

在某些情况下，可能需要与处理应急响应的第三方公司签订合同。方案应确定是否使用第三方公司，要求具备何种资质，在什么情况下联系他们，以及由谁负责联系。

9.6.4 报告

应立即向业主、管理人员和相关应急响应机构报告溢漏情况。

表 9-2 列出了美国联邦法律中关于化学品泄漏后通知监管机构的相关规定。

化学品泄漏的“可报告量”由联邦法律规定，指的是每种化学品的报告阈值，超过此量时，必须向地方、州及联邦主管机构报告。如果溢漏物被限制在设施内部，则无须报告。表 9-3 列出了本文件中提到的部分代表性化学品的可报告数量。

- 应电话通知可能受泄漏影响区域的应急规划委员会的社区应急协调员。如果没有地方应急规划委员会，则应通知相关的地方应急响应人员，如消防部门、警察局、有害物质处理小组、卫生行政区等。
- 应电话通知可能受泄漏影响的州应急响应委员会。
- 应拨打 1-800-424-8802，电话通知位于华盛顿特区的国家应急响应中心。

表 9-2　化学品泄漏相关法律

《综合环境响应、赔偿和责任法》	《美国联邦法典》40 CFR 302
《清洁水法》	《美国联邦法典》40 CFR 110&112
《应急规划与社区知情权法案》(《超级基金修正与再授权法案》)	《美国联邦法典》40 CFR 355
OSHA-HAZWOPER	《美国联邦法典》29 CFR 1910.120
NCP	《美国联邦法典》40 CFR 300
RCRA	《美国联邦法典》40 CFR 262

表 9-3　部分代表性化学品泄漏的可报告数量

危险物质	可报告数量/lb(kg)
丙酮	5000(11000)
丙烯腈	100(220)
氨气	100(220)
次氯酸钙	10(22)
甲萘威	100(220)
二嗪磷	1(2.2)
乙醚	100(220)

来源:《美国联邦法典》40 CFR 302。

- 初步电话通知中提供的信息应尽可能准确，并应包括以下内容:
  - 化学品泄漏时涉及的化学品;
  - 是否涉及“极度危险化学品”;
  - 泄漏到环境中的化学品的估计量;
  - 泄漏发生的时间和持续时间;
  - 泄漏发生后进入的介质(如空气、水等);
  - 与此次紧急情况相关的已知急性或慢性健康风险，并酌情提供必要的医疗建议;
  - 酌情采取的适当预防措施(例如:疏散或撤离);
  - 联系人的姓名和电话号码。
- 对于之前联系的各个机构，需提供书面通知。
- 书面通知应更新电话通知中的信息，包括:
  - 为响应和围堵泄漏所采取的行动;
  - 与泄漏相关的任何已知或预计的急性或慢性健康风险;
  - 酌情提供有关受影响人员所需医疗护理的建议。
- 地方、州和联邦机构可能会在初步电话联系后发出书面要求函，要求提供事发时未能立即获得的更多信息。
- 书面报告不仅是为了遵守监管要求，还将帮助仓库管理层评估事故原因并防止类似事件的发生。

所有事故均应进行调查，以确定原因，并减少此类事件再次发生的可能性。

应保留分析报告、货物清单、第三方报告、新闻稿、报纸剪辑以及所有其他相关信函。监管机构调查时可能需要这些文件。

员工需注意，不应向不明身份的调查员提供声明或意见，只有授权人员才可发表声明。

9.6.5 公众响应

虽然大多数溢漏情况不会影响社区，但应急预案仍应为此类情况做好准备。

尽管发生足以要求疏散整个社区的化学品泄漏的可能性较小，但应当考虑此种情况。

对于不太严重的情况，例如：邻居因气味或目睹应急活动而受到影响，预案应包括向社区发出通知的方式。向社区提供的信息应及时、透明。

9.7 法规与资源

以下法规和资源可能对应急响应活动的规划有所帮助：

9.7.1 美国法规

9.7.1.1 《超级基金修正与再授权法案》(SARA)第 3 章

根据《超级基金修正与再授权法案》(SARA)第 3 章，也称为《应急规划与社区知情权法案》(EPCRA)，《美国联邦法典》第 40 编第 350、355、370 和 372 章(40 CFR 350、355、370 和 372)，每个州应指定一个州应急响应委员会(SERC)。每个州被划分为“应急规划区”，由地方应急规划委员会(LEPC)负责。各委员会由健康官员、应急响应人员、社区团体、媒体代表和化工业代表等组成。储存数量超过法律设定阈值并被定义为极度危险的化学品设施，必须向州应急响应委员会、地方应急规划委员会和当地消防部门提供化学品安全技术说明书、仓库应急规划协调员的姓名及其他相关信息。在社区规划过程中将用到这些信息。

9.7.1.2 美国环境保护署(EPA)事故泄漏预防要求与风险管理计划

作为美国职业安全与健康管理局过程安全管理法规的配套法规，《美国联邦法典》第 40 编第 68 章(40 CFR 68)“清洁空气法”下的美国职业安全与健康管理局(OSHA)的“事故泄漏预防要求与风险管理计划”旨在减少化学事故的频率和严重性，以保护周边社区和环境。生产、使用、储存或以其他方式处理超过特定阈值的受管制物质的设施均受到此法规的监管。该计划要求对这些设施进行评估并掌握仓库的危险，采取行动以预防化学品泄漏，减轻任何意外泄漏的影响，并向公众提供有关仓库风险性质的信息。

9.7.1.3 美国职业安全与健康管理局(OSHA)的过程安全管理

美国职业安全与健康管理局过程安全管理标准 29 CFR 1910.119 是美国环境保护署风险管理计划的配套法规。美国环境保护署的法规关注影响仓库外部社区和环境的事故，过程安全管理则专注于可能影响工人的有害化学品泄漏。储存超过设定阈值的受管制物质的公司可能需要遵守该法规，但对于密封容器或常压条件下的某些情况允许豁免。零售设施已明确排除在外。该规定要求相关企业制定过程安全信息，进行危害评估，编制作业、维护和变更管理的书面流程，开展事故调查，并对员工进行应急程序培训。

9.7.1.4 美国职业安全与健康管理局(OSHA)员工应急预案、消防预案与应急程序

处理受管制物质并涉及应急响应操作的设施需遵守 29 CFR 1910.38 的规定。该法规概述了应急活动的规划与实施指南，包括事前规划、人员岗位、通知、疏散、清理、紧急医疗与急救，以及个人防护用品的使用。

29 CFR 1910.38 还要求在火灾及其他紧急情况下，制定紧急逃生程序、停机程序、疏散后人员清点程序、救援与医疗任务、紧急通知程序等。此类预案应包括工作场所的主要火灾危险源、储存与搬运程序、负责火灾控制或灭火设备维护的人员名单，以及处理燃料源危害的责任人。

9.7.1.5 美国职业安全与健康管理局(OSHA)危害沟通标准

根据 29 CFR 1910.1200 的危害沟通标准，员工必须了解所储存材料的危害。(另见第 4 章)

9.7.1.6 资源保护与回收法案(RCRA)

根据 40 CFR 264 和 40 CFR 265，处理、储存或处置危险废物的设施必须制定应急预案，以尽量减少火灾、爆炸或化学品泄漏事件对人体健康和环境的危害。要求制定详细的行动方案，将可能发生的事件纳入考虑，并与当地的警察、消防、医院及应急响应团队达成应急协作安排。方案中应列出应急协调员的姓名、应急设备以及疏散计划的具体细节。

9.7.2 美国化学品制造商协会(CMA)"责任关怀计划"

美国化学品制造商协会(CMA)的"责任关怀计划"旨在为协会成员提供关于安全、健康和环境质量的指导。该计划包括 6 项实践规范，涵盖社区意识与应急响应(CAER)、污染预防、过程安全、分发、员工健康与安全以及产品管理。

参 考 文 献

Chemical Manufacturers Association, *Site Emergency Response Planning Guidebook*, January, 1992.

29 Code of Federal Regulations, Part 1910.38, "Employee Emergency Plans and Fire Prevention Plans."

29 Code of Federal Regulations, Part 1910.119, "Process Safety Management of Highly Hazardous Chemicals."

29 Code of Federal Regulations, Part 1910.120, "Hazardous Waste Operations and Emergency Response."

29 Code of Federal Regulations, Part 1910.1200, "Hazard Communication Standard."

40 Code of Federal Regulations, Part 68, "Clean Air Act."

40 Code of Federal Regulations, Parts 110 and 112, "Clean Water Act."

40 Code of Federal Regulations, Parts 262, 264 and 265, "Resource Conservation and Recovery Act."

40 Code of Federal Regulations, Part 300, "National Oil and Hazardous Substances Pollution Contingency Plan."

40 Code of Federal Regulations, Part 302, "Comprehensive Environmental Response, Compensation and Liability Act."

40 Code of Federal Regulations, Parts 350, 355, 370, and 372, "Superfund Amendments and Reauthorization Act (SARA Title Ⅲ)/Emergency and Community Right to Know Act(EPCRA)."

补 充 阅 读

British Columbia Ministry of Environment, Lands and Parks, Environmental Emergency Services Branch, The

Environmental Protection Compendium, "Guidelines for Industry Emergency Response Contingency Plans." March, 1992.

Chemical Manufacturers Association, *Safe Warehousing Of Chemicals*, Arlington, VA, 1989.

Donovan, "Chemical Companies Formulate Proactive Emergency Plans." *Safety and Health*, April 1992, pp. 34-38.

Federal Emergency Management Agency, "Hazardous Materials Exercise Evaluation Methodology (HM-EEM) Manual." February, 1992.

Indelicato, Gregory J., and Clark, Michael A., "Preparing for Emergency Spill Response." *Pollution Engineering*, 27(1), 56-58, 1995.

LeBar, Gregg, "Planning for the Worst." *Occupational Hazards*, 57(6), 52-55, 1995.

National Fire Protection Association, "Recommended Practice for Pre-Incident Planning for Warehouse Occupancies." NFPA 1420, Quincy, MA, 1993.

Ray, E. R., CSP, WSO-CSM, REP, "Emergency Response Teams-Build One Now!" *Industrial Fire World*, 6(3), 24-27, 1991.

U. S. Environmental Protection Agency, Federal Emergency Management Agency, U. S. Department of Transportation, "Training Guidance for Hazards Analysis: Emergency Planning for Extremely Hazardous Substances." December, 1987.

U. S. Department of Transportation, "Emergency Response Guidebook." Research and Special Programs Administration, Washington, DC, 1993.

10 选定研究与讨论的主题

10.1 概述

随着新产品进入市场，需进行额外的研究来描述其危害并建立保护标准。随着对危害认识的深入，为了应对这些危害，新的或改进的建筑功能可能会出现。未来的研究可能需要修订本书中提供的部分信息。因此，仓库管理层必须准备好根据新的信息做出回应，以履行对股东、员工和社区的责任。以下各节讨论了本书中一些需要进一步研究和讨论的主题。

10.2 货物危害与消防保护系统

目前，在货物分类和喷淋系统设计的多个领域，相关研究正在进行中。尽管多数化学品的性质及其潜在危害已在相关文献中得到了阐述与说明，但针对部分货物而言，关于其燃烧特性及适配的喷淋系统设计标准，用以控制、抑制和扑灭火灾的信息仍然匮乏。为此，目前正规划或已着手实施一系列火灾测试项目，涵盖以下货物：

- 伸缩包装塑料中的气雾剂；
- 钢制和塑料桶中的易燃液体；
- 小型塑料容器中的易燃液体(如水溶性醇类)；
- 中型散装容器(IBC)中的易燃液体；
- 有机过氧化物制剂；
- 塑料容器中的氧化性游泳池化学品。

如第2章所述，火灾危害分类系统并非基于针对所有货物的统一测试方法。在某些情况下，例如气雾剂产品，分类是基于可量化的燃烧热标准。然而，对于大多数一般货物，目前的分类主要依赖主观判断。为了对所有商品(包括包装系统)制定客观的测试方法，仍需开展进一步研究。

此外，还应进行更多研究，以建立更有效的分类方法来评估所有易燃和可燃液体的真实火灾危害。目前用于分类系统的闪点和在某些情况下的沸点是可测量的标准值，但应将其他特性(如黏度、可燃固体的溶解情况、燃烧热或热释放率等)纳入更为全面的系统中。

第2章讨论了化学禁忌，但大多数引用的信息仅涉及二元组合。建立包含多种组合的化学禁忌数据库将具有很大的实用价值。

10.3 设计与施工

一些建筑设计问题也应通过研究和进一步讨论来解决。例如，屋顶安装的热烟通风口、屋顶机械排风系统以及与喷淋系统配合使用的塑料天窗圆顶，仍存在争议，并且尚未进行尺度火灾测试。

液体围堵和排水系统的设计标准同样需要进一步研究和讨论。此外，地面涂层材料与各类化学品之间的禁忌测试也应纳入研究范围。上述建议的系统应兼具实用性和成本效益。

附录

附录A NFPA 704标识系统摘要

危害等级	健康（蓝色）	易燃性（红色）	反应活性（稳定性）（黄色）
4 高危	在紧急情况下可能致命的物质	在常温常压下迅速或完全蒸发，或能在空气中迅速分散并容易燃烧的物质	在常温常压下，本身能迅速发生爆轰、爆炸性分解或爆炸反应的物质，包括常温常压下对热冲击或机械冲击敏感的物质。 反应速率和反应热乘积在482℉（250℃）时达到1000W/mL或更高的物质
3 严重	在紧急情况下能导致严重或永久性伤害的物质	几乎在所有环境温度下都能点燃的液体和固体。 在大多数环境温度下能与空气形成危险空气环境，或者不受环境温度影响但在几乎所有条件下容易点燃的物质	需要强烈的启动源或在封闭条件下加热后才会发生爆轰或爆炸性反应的物质。其中包括： • 反应速率和反应热乘积在482℉（250℃）时为100~1000W/mL之间的物质； • 在高温和高压下对热或机械冲击敏感的物质； • 无须加热或封闭即与水发生剧烈反应的物质
2 中等	在紧急情况下能导致暂时性失能或轻微伤害的物质	必须适度加热或在较高的环境温度下暴露才能点燃的物质。此类物质在正常条件下不会与空气形成危险气氛，但在适度加热下可能释放足够的蒸气与空气形成危险空气环境	在高温高压下容易发生剧烈化学变化的物质。包括： • 反应速率和反应热乘积在482℉（250℃）时为10~100W/mL之间的物质； • 与水发生剧烈反应或与水形成潜在爆炸性混合物的物质
1 轻微	在紧急情况下能引起明显刺激的物质	必须预先加热才能点燃的物质。这类物质在所有环境温度条件下需要经过大量预热才能点燃和燃烧	本身通常稳定，但在高温高压下可能变得不稳定的物质。包括： • 反应速率和反应热乘积在482℉（250℃）时为0.01~10W/mL之间的物质； • 与水反应活跃，但不会剧烈反应的物质； • 暴露在空气、光照或湿气中会发生变化或分解的物质
0 最低	在紧急情况下，除普通可燃材料的危害外，没有其他危害的物质	不会燃烧的物质	本身通常稳定，即使在火灾条件下也不易变得不稳定的物质

来源：NFPA 704（详见NFPA 704获取更完整的信息）。

附录 B　有害物质识别系统摘要

危害等级	健康(蓝色)	易燃性(红色)	反应活性(稳定性)(黄色)
4 高危	单次或反复接触能导致威胁生命的重大或永久性损害	极易燃的气体或极易挥发的易燃液体，闪点低于 73℉(22.8℃)，沸点低于 100℉(37.8℃)(NFPA 1A 类)	在常温常压下容易发生爆轰或爆炸性分解或反应的物质
3 严重	需要迅速采取行动并提供医疗处理，否则可能造成重大伤害	在几乎所有正常温度条件下都能点燃的物质，包括闪点低于 73℉(22.8℃)且沸点高于 100℉(37.8℃)的易燃液体，以及闪点介于 73℉(22.8℃)和 100℉(37.8℃)之间的液体(NFPA 1B 类和 1C 类)	能够发生爆轰或爆炸性反应的物质，但需要强力引发源或必须在加热且受限的条件下才能启动或者与水发生爆炸性反应的物质
2 中等	可能会导致暂时性或轻微伤害	必须适当加热才能点燃的物质，包括闪点在 100℉(37.8℃)到 200℉(93℃)之间的易燃液体(NFPA Ⅲ类和ⅡA 类)	自身通常不稳定，会发生剧烈的化学变化，但不会发生爆炸，也可能与水发生剧烈反应的物质
1 轻微	可能引起刺激或轻微的可逆性伤害	必须预热才能点燃的物质。此类物质的闪点(点燃的最低温度)为 200℉(93℃)或以上的易燃液体(NFPA ⅡB 类)	通常是稳定的，但在高温高压下可能变得不稳定，可能与水反应，但不会剧烈释放能量的物质
0 最低	对健康没有显著危害	在正常条件下是稳定的，除非加热，否则不会燃烧的物质	通常是稳定的，即使在火灾条件下也保持稳定，不会与水反应的物质

个人防护指数	设备类型
A	安全眼镜
B	安全眼镜和手套
C	安全眼镜、手套、合成围裙
D	面罩、手套、合成围裙
E	安全眼镜、手套、防尘呼吸器
F	安全眼镜、手套、合成围裙、防尘呼吸器
G	安全眼镜、手套、防毒呼吸器
H	防溅眼镜、手套、合成围裙、防毒呼吸器
I	安全眼镜、手套、防尘防毒结合呼吸器
J	防溅眼镜、手套、合成围裙、防尘防毒结合呼吸器
K	供气式头罩或面罩、手套、全身防护服、靴子
X	请向您的主管咨询专门的操作指导

来源：NPCA 危险物质识别系统。

附录C 联合国和美国交通部有害物质分类

1类 爆炸物

1.1 具有大规模爆炸危害的爆炸物

1.2 具有抛射危害的爆炸物

1.3 主要产生火灾危害的爆炸物

1.4 没有显著爆炸危害的爆炸物

1.5 非常不敏感的爆炸物；炸药

1.6 极不敏感的爆轰物质

2类 气体

2.1 易燃气体

2.2 非易燃、无毒的压缩气体

2.3 吸入时有毒的气体

2.4 腐蚀性气体(加拿大标准)

3类 易燃液体和可燃液体

易燃液体：闪点<141℉(60.5℃)

可燃液体：闪点≥141℉(60.5℃)

4类 易燃固体；自燃物质；沾水后变得危险的物质

4.1 易燃固体

4.2 自燃物质

4.3 沾水后变得危险的物质

5类 氧化剂和有机过氧化物

5.1 氧化剂

5.2 有机过氧化物

6类 有毒物质和传染性物质

6.1 有毒物质

- 毒物——Ⅰ类与Ⅱ类包装组
- 毒物——Ⅲ类包装组

6.2 传染性物质

7类 放射性物质

8类 腐蚀性物质

9类 其他有害物质

附录 D 其他资源

可以从以下单位获得更多信息：

美国心脏协会
7272 Greenville Rd.
Dallas，TX 75231

美国国家标准协会
11W. 42nd St.，Floor 13
New York，NY 10036

美国红十字会
8111 Gatehouse Road
Falls Church，VA 22042

美国材料和试验协会
1916 Race Street
Philadelphia，PA 19103-1187

化工过程安全中心
美国化学工程师协会
345 East 47th Street
New York，NY 10017

化学品制造商协会
1300 Wilson Boulevard
Arlington，VA 22209

FM(工厂互助)体系
1151 Boston-Providence Turnpike
Norwood，MA 02062

工业风险承保商
85 Woodland Street
Hartford，CT 06105-1226

美国保险研究所
720 Providence Road
Malvern，PA 19355-0716

中西部规划服务中心
农业与生物系统工程系
122 Davidson Hall
爱荷华州立大学
Ames，IA 50011-3080

美国消防协会
1 Battery March Park
Quincy，MA 02269

美国国家安全委员会
1121 Spring Lake Drive
Itasca，IL 60143

美国交通部海岸警卫队
2100 Second Street，SW
Washington，D. C. 20593-0001